有機的循環技術と持続的農業

大原興太郎 編著

コモンズ

1999年7月のいわゆる持続農業法や2001年1月の循環型社会形成推進基本法の施行などにより、急速に循環型社会や資源循環という言葉が市民権を得た。循環という名称が入った研究も簇生してきている。環境問題、安全性問題、原子力など科学技術と社会とのかかわりが重要となっている現代的な課題に本気で取り組むには、文科系と理科系が補完的に研究しあえるように、相互理解と緊密な連携をとって共同研究を進めることが必要である。しかし、文理融合型共同研究は、言うは易くして成果をあげるのは容易ではない。

　本書のもとになった研究組織のメンバーの3分の2は、2000年に全国の農学系大学のなかで初めて創設された文理融合型の三重大学生物資源学部資源循環学科のメンバーである。旧農水系の6学科を母体とした組織からまったく新しく構成されたため、その教育研究の運営には当初よりさまざまな苦労が伴った。しかし、学科一体となって取り組んできたことにより、文理融合的な卒論・修論や共同研究プロジェクトが生まれるに至っている。

　本書もそうした流れのなかで取り組んできた通過点の仕事の一つである。2003年度～05年度に文部科学省科学研究費補助金をいただいた、「持続的農業技術と資源循環ネットワークの形成に関する研究」（課題番号15380149）の報告書が基礎になっている。ただし、諸般の事情で、メンバーすべての参加は得られなかったことをお断りしておく。なお、第1章を共同執筆した内藤正明氏は、私が将来計画委員長として新しい組織をつくっていく際に講演にお招きし、理論的な方向性を示していただいて以来、交流を続けてきた。

　私たちの研究の特徴は、以下の三点があげられるだろう。

　第一に、フィールドから学ぶ視点を重視している。そして、各研究者が専門領域の共通基礎としての研究の使命や目的の共有を図る必要があることから「Mission Oriented Scienceとしての農学・応用科学への志向」をめ

ざし、現実社会への貢献度を高めるためにも、研究主体と現象や現場とのフィードバック、先進的事例や現場から学ぶ姿勢を重視してきた。

　第二に、文理融合の資源循環技術のあり方や循環ネットワーク形成への取り組みである。地球生態系の生命原理に則った「循環型社会」を構築するためには、本来的に循環資源である生物資源や生物由来物質（生物系廃棄物）を資源化する技術と、未利用資源の循環のためのネットワークがきわめて重要になる。具体例を調べながら、経済社会システム（法・制度・慣習）や人間行動・文化のあり方との関係で、それらの問題点を追求しようとした。

　第三に、生物機能・能力および生態系のバランスを重視した循環のあり方の研究である。循環型社会をめざした農業生産や生活を追求するのであれば、生物機能や能力を自然的条件が許容する範囲で生かし、健康な生物体の育成を心がけ、生態系のバランスに配慮しなければならないからである。

　こうした三点の方向性は間違っていなかったと思われるが、どこまで実質的な成果をあげられたかは、いささか心もとない。今回の成果を一里塚として、持続的な農業技術や循環型社会構築のための、具体的な事例研究に基づいた総合的な研究の取り組みを続けていければと思う。

　本書は本来、もっと早く日の目を見ていなければならなかった。いまに至ったのは編者である大原の責任である。また、何とか出版にこぎつけることができたのは、コモンズの大江正章氏の理解と厳しくも暖かい叱咤激励があったからこそである。食や環境そして資源循環や農業の持続性について、ふだんから忌憚ない意見を交わし合ってきた三重大学資源循環学科の同僚たちと大江氏に、心から感謝申し上げたい。

2008 年 5 月

大原　興太郎

はじめに 2

第❶章　循環型社会への変革
　　　　——有機物循環の視点から——
　　　　　　　　　　　　　　　　　　　内藤正明・楠部孝誠… 7
　　1　循環型社会への転換 7
　　2　有機物循環とその意義 11
　　3　有機物循環の評価 14
　　4　循環型社会の構築に向けて 19

第❷章　生ごみ堆肥化活動における資源・技術・人のネットワーク的結合
　　　　——三重県内の衣装ケース利用方式の広がりを対象に——
　　　　　　　　　　　　　　　　　　　　　　波夛野　豪… 22
　　1　ふたたび注目される生ごみ堆肥化活動 22
　　2　食品循環資源の定義と活用の現状 24
　　3　生ごみ堆肥化の目的と方法 26
　　4　生ごみ堆肥化活動の実態 30
　　5　食品循環資源ネットワークの形成と展開方向 39
　　6　循環型社会にふさわしい農業のあり方 43

第❸章　バイオガスプラントによる生ごみリサイクル
　　　　——経済性評価と有機栽培における利用技術——
　　　　　　　　　　　　　　　　　　長谷川浩・古川勇一郎… 46
　　1　生ごみ処理の現状とリサイクルの意義 46
　　2　生ごみの処理方法と処理経費の比較 48
　　3　生ごみ発酵液の有機栽培における利用に関する圃場試験 54

4　有機栽培における発酵液の利用技術 *59*
　　　5　小規模分散型バイオガスプラントの可能性と課題 *60*

第❹章　有機農業における技能的技術の役割と意義
　　　――BMW 技術を応用するミニトマト農家を事例として――

外園信吾・大原興太郎… *65*

　　　1　課題と方法 *65*
　　　2　技能的技術と BMW 技術の概要 *67*
　　　3　調査対象事例の概要 *70*
　　　4　松田氏の技術の仕組みと特徴 *72*
　　　5　技能的技術による効果 *75*
　　　6　技能的技術の役割と意義 *78*

第❺章　バイプロ養豚の可能性と社会的意義
　　　――食品副産物・廃棄物のリキッド飼料化――

大原興太郎… *84*

　　　1　食品廃棄物問題と資源循環 *84*
　　　2　日本におけるバイプロ畜産・養豚の試み *85*
　　　3　日本におけるバイプロ・リキッド養豚の試みと課題 *89*
　　　4　循環資源再生利用ネットワークの役割と可能性 *93*
　　　5　バイプロ養豚確立の条件と可能性 *98*

第❻章　環境調和型生産を指向した農業技術

江原　宏… *103*

　　　1　建設業と農業の循環可能性 *103*
　　　2　パルプ入りケイ酸カルシウム資材の施用が水稲の生育に及ぼす影響 *105*
　　　3　病害感染に及ぼす影響 *112*

4　産業の枠を超えた資源の有効活用 *113*

第❼章　持続的農業を志向する農業環境政策の枠組み
　　　——EUにおける新たな政策が農業経営に与える影響——
　　　　　　　　　　　　　　　　　　　　内山　智裕… *115*

　　　1　持続的農業の普及をめざして *115*
　　　2　農業経営者と技術・市場・政策の関係 *116*
　　　3　農業経営と農業環境政策 *119*
　　　4　農業環境政策と農業経営の収支構造 *130*
　　　5　必然としての農業環境計画への参加 *136*

第❽章　持続性と循環の回復の可能性
　　　　　　　　　　　　　　　　　　　　大原興太郎… *138*

　　　1　何が問題なのか *138*
　　　2　有機物循環システムに基づく循環型社会 *139*
　　　3　生物系廃棄物の未利用資源としての利用方法とコスト問題 *141*
　　　4　大規模耕畜連携における物質循環と主体連携（市場と組織）*143*
　　　5　生ごみ堆肥化運動の意義と可能性 *144*
　　　6　微生物活用の意義と課題 *146*
　　　7　環境調和型農業技術の可能性 *149*
　　　8　持続的農業を支える政策・経営 *152*
　　　9　循環とネットワークの必要性と課題 *155*

装丁・日高眞澄

第❶章　循環型社会への変革
　　　——有機物循環の視点から——

内藤正明・楠部孝誠

1　循環型社会への転換

　大量生産・消費・廃棄型のシステムに象徴される従来の経済社会から脱却するために、日本は生産・消費・廃棄に至るライフサイクルにおいて、物質の効率的な利用やリサイクルを進め、資源消費を抑制した環境負荷の少ない「循環型社会」への転換をめざしている。2000年には循環型社会形成推進基本法を制定し、同年を「循環型社会元年」と位置づけた。

　では、そもそも、なぜ循環型社会への転換が必要になったのであろうか。一般的に地球環境問題あるいは地域環境問題、資源・エネルギーの枯渇問題が重大な原因として指摘されているが、必ずしもそれだけが原因ではない。**表1**に製品や物質ごとにリサイクルを行う理由を示した。とくに日本の場合、経済的に成立するリサイクルを除けば、最終処分地の消耗回避がもっとも重要な制約条件になっていることがわかる。

　この要因には、大量に廃棄物を発生する産業構造、いわゆる大量生産・消費・廃棄型の社会産業システムによるところが大きい。経済発展を推し進めるなかで、われわれの社会は産業活動による廃棄物の発生は必要悪として容認してきた。そして、法律や公共政策も廃棄を前提に、ライフサイクルの末端での廃棄物処理に焼却プロセスを導入した経緯がある。

表1　リサイクルを行う理由

理　　由	対　象　物
経済的に成立するから	貴金属、アルミ、銅、工場からの廃棄物
最終処分地の消耗回避 （最終処分費用の節約を含む）	家電製品、ガラス、生ごみ、建設材料、農作物残渣、家畜排泄物
埋立不適物の回避	プラスチック類
資源エネルギーの節約 　再生可能資源の過剰使用禁止 　資源の節約 　エネルギーの節約 　エネルギーの回収	 紙、木材 鉄（家電製品、自動車など） ペットボトル その他プラスチック
雇用の確保	すべてのリサイクル

（出典）安井至「リサイクルの意義と実情―なぜリサイクルは理解しにくいか―」『化学と教育』51巻1号、2003年、14～17ページ。

本来、焼却処理処分は環境保全と公衆衛生の向上を図り、直接埋立より最終処分量を減少させることを目的として、高度化を推し進めてきたが、ダイオキシン問題に直面した。これを契機に環境基準がいっそう厳しくなり、高温かつ連続運転というダイオキシン発生を抑制する高度な技術要件が焼却炉に求められる。この要件をクリアできない小規模の焼却炉は利用できなくなり、自家処理されていた廃棄物の多くが外部委託されていった。

　一方、処理業者は委託された廃棄物のうち処理能力を超過した多くの廃棄物を都市圏から地方の処分場へ持ち込まざるをえなくなり、この結果、最終処分場の不足に拍車がかかり、不適正な処分や不法投棄の大きな要因となった。同時に、廃棄物を発生する都市地域とそれを受け入れる農村地域という形で、地域間の不公平性が表面化しつつある。

　こうした状況から、不法投棄の監視体制が強化される。2001年以降、三重県や岡山県、北九州市などいくつかの地方自治体において産業廃棄物税（産業廃棄物の排出量に応じて課税する法定外目的税）が導入されるなどの対策と並行して、ようやくリサイクルあるいは循環システムの必要性が現実のものとなったのである。実際、図1に示すように近年の廃棄物排出量は横ばい傾向にあるが、再生利用量が増加し、最終処分量が減少している。

　ここであらためて、循環あるいは循環システムとはいったいどういうこ

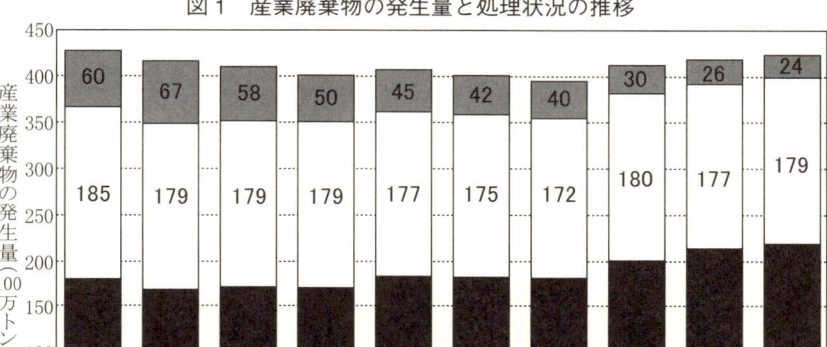

図1　産業廃棄物の発生量と処理状況の推移

(注)　■=再生利用量、□=減量化量、▨=最終処分量。
(出典)環境省。

とであるか考えてみよう。日本のように技術依存性が高い国では、循環システムを構築するには、物質フローの末端(エンドオブパイプ)でのリサイクル技術の開発を最優先に考える傾向があり、「循環＝リサイクル技術の導入」という図式が描かれる。しかし、本質的に"循環"とは閉鎖系内で大気、水、土壌、生物などの間を物質が持続的に利用される状態であり、末端の処理だけでなく物質フロー全体を考えなければならない。

　安価な海外資源に依拠した大量生産・消費によって経済的優位性を確保し、不要物をすべて環境中へ排出してきた日本の経済活動は、本質的に循環の原理からは大きく逸脱している。現状の経済システムから循環システムへ移行するには、系外からの流入、つまり海外からの物質の流入を一定量抑制しなければならない。過去に国家レベルで循環システムが導入されたのは、アメリカに経済封鎖されたキューバやアジア通貨危機によって輸入が一時的に停滞した韓国などである。このような系外から物質流入が停止した場合を除いて、自発的に起こった例はない。

　すなわち、"循環"は日本の経済活動の基本方針と相反するものであり、

ここに循環システム、循環型社会の構築のむずかしさが潜んでいる。循環型社会への転換は、深刻な環境危機、化石資源の枯渇、世界経済の破綻といった循環型社会の構築によって回避すべき状態が起こらなければ実現しないという皮肉な状態にある。

そのため、真に循環システムを実現するには、社会産業構造(市場経済と工業社会の特性)の根本的な変革のもとで、循環型社会の構築に向けて行動しなければならない。その手がかりとしては、図2のような変革の方向性があると考えられる。

図2　循環型社会構築の方向性

資源採取 → 大量生産 → 大量消費 → 大量廃棄 → 環　境

生産から販売までサービスあたりの資源消費と廃棄物量の減少、量から質への物質フローの転換
各産業セクターで生産工程を改善し、資源効率を向上させる生産プロセスの改革
【Keyword】リサイクル技術の開発、長寿命化、環境効率

廃棄物を資源とする意識改革による物質循環
産業間連携による全体システムとしての環境負荷の削減、産業全体の構造転換と利用時の利便性だけでなく、排出物の利用者までを考慮した生産システムの構築
【Keyword】ネットワーク化、産業間連携、エコデザイン

人間の生活速度に合ったエネルギーへの転換
超長期にしか循環しない化石資源ではなく、カーボンニュートラルなバイオマスなどの短期で循環するエネルギー源への転換
【Keyword】バイオマスエネルギー、脱化石燃料

資源採取 → 大量生産 → 大量消費 → 大量廃棄 → 環　境

消費者のライフスタイルの変更
使い捨て文化からの脱却と環境配慮商品の購入など消費者(物質フローのエンドユーザー)による生産・流通・販売への参加と提言
【Keyword】排出削減、グリーンコンシューマー、消費者誘導、地産地消

製品流通の動脈系に対する静脈系システムの充実
焼却を前提とした自治体のシステムからの脱却、リサイクル技術だけに依存した末端処理から、地域特性を考慮した適正技術の選択
【Keyword】回収システム、自立分散、地域特性、適正技術

2　有機物循環とその意義

　循環型社会への転換に向けた取り組みのなかで、有機物の循環について考える。まず、ここでいう有機物とは生物由来の有機性の資源を指し、とくに食料の生産・消費・廃棄・再生産に直接あるいは間接的にかかわる物質とする。最近では、生物由来の有機性資源は「バイオマス」と呼ばれることが一般的になっている。

　では、循環型社会の構築において、なぜ有機物の循環システムを考えるのか。その理由は以下のとおりである。

①食料供給は人間の生活を維持するうえで、基礎的な物質の流れであり、かつ必要不可欠である。

②先進国だけでなく、経済発展が著しい途上国においても、生活水準の向上に伴う食事の多様化とともに大量生産・消費・廃棄型システムへ移行しつつある。その影響で、環境破壊や食料供給の維持が危惧されている。

③有機性廃棄物は生物由来であるために含水率が高い。したがって、焼却処理を中核とする日本の廃棄物処理体制においては、処理プロセスでの環境負荷が大きい。

④循環型社会の形成を目標とする国家の政策において、食品循環資源の再生利用等の促進に関する法律(以下、食品リサイクル法)や家畜排せつ物の管理の適正化及び利用の促進に関する法律(以下、家畜排せつ物法)などの法制度の整備により、廃棄物ではなく資源としての有効活用が望まれている。

⑤食品(製品消費)や生ごみ(リサイクル)は消費者(国民)が直接関与できる部分であり、"循環"を考え、実践するうえでもっとも身近に感じられる財である。

⑥過去に成立していた有機物の循環システムが高度経済成長期以降に崩壊

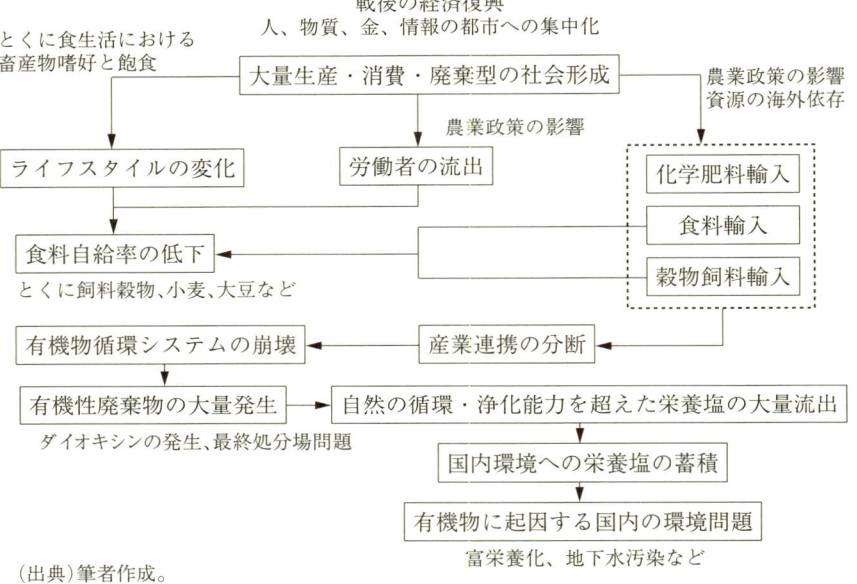

図3 有機物循環の崩壊と環境問題

(出典)筆者作成。

したため、都市と農村における諸問題が発生しており、それを是正する意味でも必要である。

　有機物のフローは、基本的にわれわれの生存にかかわる重要なフローであり、これが健全な形で保たれることが必要であるのはいうまでもない。⑥で述べたとおり、本来有機物の循環システムは資源の少ない日本では当然のように成立していた。それにもかかわらず、現況に至ったのは何が原因なのか。

　歴史的な経緯を考察すると、第二次世界大戦後の経済復興を短期間で実現させ、物質的な豊かさを享受できるようになったが、その結果として、資源の海外依存による工商系、農系、生活系すべての相互関係を断ち切り、一つのセクターからの副産物が他のセクターの資源となって活用される"循環"の仕組みを根底から崩した(図3)。こうして独立した個々の主体が自らの不要物をすべて廃棄物として環境に放出し、必要な資源のほとんどを海

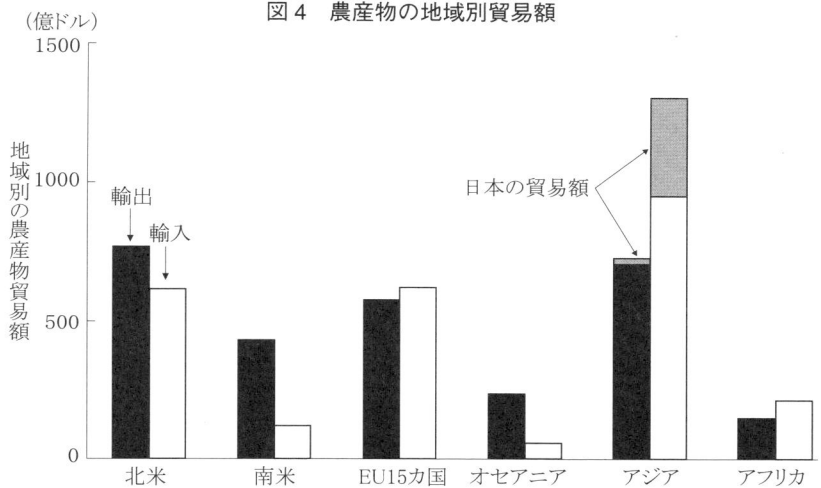

図4 農産物の地域別貿易額

(注1) 貿易額は2001〜03年の3カ年平均である。
(注2) 地域区分は「FAOSTAT」に準じる。
(注3) EU15カ国は現在のEU加盟国から2004年新加盟国(10カ国)を除いたもので、域内流通は除く。
(出典) 農林水産省編『食料・農業・農村白書平成16年度版』(2005年、86ページ)より筆者作成。

外のバージン資源を利用するという、物やエネルギーの"一過型システム"をつくりあげたのである。

この過程で、大量の廃棄物と二酸化炭素をはじめ多種多様な環境負荷が発生した。農系の衰退と農山村環境の荒廃、過疎・過密、食料自給率の低下と貿易摩擦などの社会問題も、これと深く関係している。

安価な海外資源への依存が引き起こした有機物循環の崩壊の影響を象徴的に表すのが、現状の農産物貿易であり、有機性廃棄物の発生である。工業を中心に高度に産業が発展した日本が海外から輸入している食品を中心とする有機物の量は、先進諸国のなかにあっても、アジア地域においても、相当の規模を占めている[1]。図4に農産物の貿易額収支を示した。現在、急速な経済発展過程にあるアジア地域への農産物(有機物)の大量流入が起こっており、今後、物質の集中、偏在による富栄養化や地下水汚染などの環境

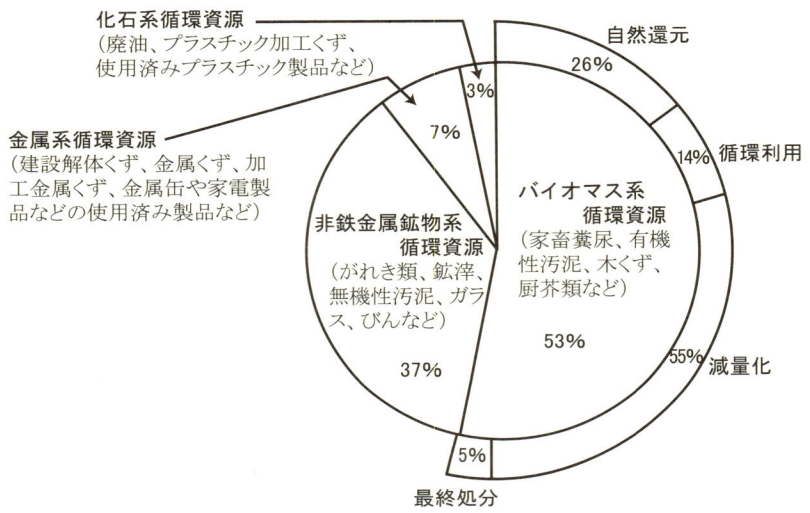

図5 日本の有機性廃棄物の発生量とその割合

(注)バイオマス系循環資源の外枠は利用率の割合である。
(出典)環境省編『平成18年度循環型社会白書』(2006年、68ページ)より筆者作成。

汚染が懸念される。

　また、廃棄側からみると、図5に示すように日本では有機性廃棄物が大量に発生している。重量ベースで換算すると含水率の高い汚泥類、家畜糞尿がその多くを占め、有機性(バイオマス)廃棄物は廃棄物全体の約53%を占めるに至っているのである。

3　有機物循環の評価

　前述のような状況を踏まえ、循環型社会の構築に向けてわれわれは多様な技術体系で対処しようと試みている。では、実際に環境負荷を削減し、廃棄物を減量し、物質の循環を進めることは可能なのか。ここではその一例として、有機性廃棄物の飼料化の分析結果を示す。

食品製造業から発生する3種類の食品副産物を焼却処理する場合と家畜飼料として再資源化する場合を、二酸化炭素排出量で比較した。計算条件として、工場から排出される各食品副産物の発生量は1日あたり、おから

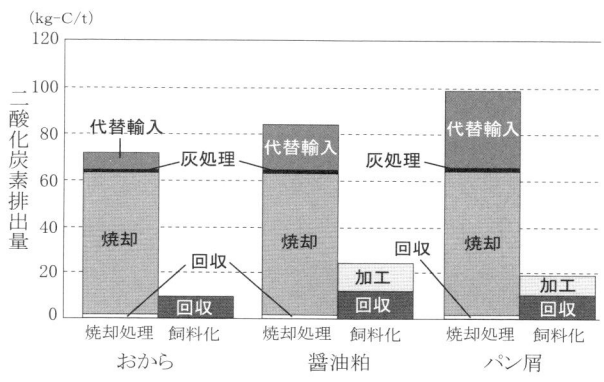

図6　食品副産物の焼却処理と飼料化における二酸化炭素排出量の比較

が18 t、醤油粕が20 t、パン屑は5 tとする。

　焼却処理では、工場から焼却場までの距離と焼却場から埋立地までの距離をそれぞれ20 kmと仮定した。また、代替輸入は、焼却で失われる飼料要素分をアメリカからの輸入飼料に換算し、港から畜産農家までの距離を80 kmとしている。飼料化では、工場から畜産業までの距離をおからとパン屑は150 km、醤油粕は200 kmとし、飼料への加工処理として、醤油粕は粉砕処理、パン屑は包装資材の分離処理し、おからは無処理とした。

　二酸化炭素排出量を計算した結果、おからの飼料化に関する排出量が9.62 kg–C/tに対して、焼却処理は71.57 kg–C/tで、顕著に飼料化の優位性が認められた。醤油粕とパン屑でも同様である。飼料化による二酸化炭素排出量がそれぞれ23.82 kg–C/t、19.25 kg–C/tに対して、焼却処理が83.96 kg–C/t、98.32 kg–C/tで、飼料化は焼却処理の80〜90 %の二酸化炭素削減効果が認められた(図6)。とくに、焼却処理と代替輸入プロセスに含まれる輸送が大きく影響している。

　これらの食品廃棄物は工場から発生するいわゆる食品副産物であり、事業系一般廃棄物の生ごみなどと比較して、不純物の混入可能性が低く、栄養価が高い。畜産農家とのネットワークが確立されれば、有効に利用でき

表2　各国のフード・マイレージの概要

	単位	日本	韓国	アメリカ	イギリス	フランス	ドイツ
食料輸入量	1,000 t	58,469 [1.00]	24,847 [0.42]	45,979 [0.79]	42,734 [0.73]	29,004 [0.50]	45,289 [0.77]
食料輸入量（人口1人あたり）	kg／人	461 [1.00]	520 [1.13]	163 [0.35]	726 [1.58]	483 [1.05]	551 [1.20]
平均輸送距離	km	15,396 [1.00]	12,765 [0.83]	6,434 [0.42]	4,399 [0.29]	3,600 [0.23]	3,792 [0.25]
フード・マイレージ	100万t・km	900,208 [1.00]	317,169 [0.35]	295,821 [0.33]	187,986 [0.21]	104,407 [0.12]	171,751 [0.19]
フード・マイレージ（人口1人あたり）	t・km／人	7,093 [1.00]	6,637 [0.94]	1,051 [0.15]	3,195 [0.45]	1,738 [0.25]	2,090 [0.29]

(注)[ ]の数値は日本を1.00とした場合の比率。
(出所)中田哲也「食料の総輸入量・距離（フード・マイレージ）とその環境に及ぼす負荷に関する考察」『農林水産政策研究』第5号、2003年、45〜59ページ。

る廃棄物であろう[2]。

　飼料化の分析で輸送が大きな影響を与えていることが明確になったが、同様に輸送に関する先行研究としてフード・マイレージがある[3]。フード・マイレージとは、「輸入相手国別の食料の輸入量に当該国からわが国までの輸送距離を乗じ、その累積値で示される指標」。日本のフード・マイレージは約9000億t・kmで、韓国やアメリカの約3倍に相当する。なお、全体量では日本は突出しているが、1人あたりでは韓国とほぼ同等になる（表2）。

　この研究が参考にしているのは、イギリスの民間団体Sustainが提唱したフード・マイルズ運動である。フード・マイルは、消費する食料の量に食卓から生産地までの距離を乗じた指標である。地域内で生産された食料の消費を通じて環境負荷を低減させることが目的で、現在の地産地消の考え方に通じる指標だろう。

　前述の分析例でも示したように、家畜糞尿や生ごみの多くは当初、飼料や堆肥への転換が模索されていた。だが、昨今では、地球温暖化対策や資源枯渇、原油価格の高騰などから、有機性廃棄物をエネルギーに転換する方向が模索されている。その中心的な技術はメタン発酵である。

メタン発酵の導入と評価を行う際、基本的な条件の違いから都市地域と農村地域での利用に分けて考えなければならない。前者の場合、普及の大きな障害となっているのは経済性と発酵残渣処理である。

　都市地域ではメタン発酵の処理対象となる有機性廃棄物は膨大な量で、当然施設には大量の廃棄物の受け入れが望まれる。求められる処理量に加えて、採算性とエネルギー抽出量(利用可能エネルギー量)を考慮すれば、相当な規模になり、農水省の資料などによれば数十 t から 100 t 規模の施設が必要との指摘もある。そのため初期投資の負担が大きく、単独企業での運営は困難と言わざるをえない。

　また、メタン発酵に限らず、この種の施設を都市内で立地するには、周辺住民との折衝が必要不可欠であり、立地そのものも容易ではない。さらに、住宅地域に近い場合は、臭気対策が重要課題となり、臭気漏れは新たな紛争コストの発生を引き起こすことになりかねない。

　加えて、メタン発酵は減量効果があるものの、投入した原料の全量がメタンガスへ転換されるわけではない。そのため、発酵残渣の処理が当然必要になる。都市内では発酵残渣を有効利用する方法はほとんどなく、多くは固液分離を行なった後、廃水処理し、下水放流する。下水放流には高度処理が必要であるため、廃水処理経費が採算性を低下させる大きな要因となっている。ただし、亜臨界水処理による処理プロセスの高速化技術[4]など採算性と発酵残渣処理の問題を解決できる技術も開発されつつあり、こうした技術の活用によって今後は都市地域でもメタン発酵は有効な選択肢になりえる。

　なお、メタン発酵に限らずリサイクル技術の導入にあたっては、地方自治体が管轄する事業系一般廃棄物の処理料金が安価であるため、相対的に廃棄物リサイクルがコスト制約で機能しないことが障害となっている。この点を考えれば、公共政策の方向転換が重要なポイントになる。

　後者の場合は、周辺環境を含めて本質的な部分では都市地域よりも導入可能性は高い。まず処理規模については、都市地域ほど大規模化する必要

がないため、小規模でかつ簡易型の施設の利用が可能であり、初期投資の問題も含めて制約条件が大幅に緩和される。また、小規模での実施で住民の協力が得られれば、原料となる生ごみの回収も比較的容易になる。同様に、畜産糞尿も中小規模の畜産農家からの受け入れが可能となる。

さらに、発酵残渣は周辺農地での利用が考えられる。周辺の耕種農家との連携を図り、肥料としての品質を保証できれば、液肥として利用でき、プラント運営の採算性を大きく向上させられる。埼玉県小川町では、地元NPO、農家、市民、行政の連携によって小規模のバイオガスプラントが機能している[5]。

飼料化や堆肥化、エネルギー化の実質的な取り組みと並行して、循環あるいはリサイクルに関する法制度が整備されてきた。循環型社会への転換を提唱するうえで柱となったのが、環境基本計画に基づいた循環型社会形成推進基本法であり、これを受けて一連のリサイクル法が整備されている。とくに、有機物循環に関連する法制度として、食品リサイクル法、家畜排せつ物法などが整備された。各法制度についての詳細は避けるが、これによって有機廃棄物の有効利用が期待される。ただし、再資源化された有機物を受け入れる農業と畜産業は、物理的・空間的さらには機能的にも多くの障害をかかえている。そのため、一連のリサイクル法の制定によって新たな問題も起こりつつある。

たとえば、家畜排せつ物法の制定によって畜産糞尿の適切な処理・再資源化の促進への対策が定められ、多くは堆肥への転換が行われている。一方で食品リサイクル法によって、これまで焼却されていた生ごみが堆肥として再資源化されるようになった。このため両者が競合関係になり、場合によっては堆肥の供給過剰で売価が抑制され、糞尿処理負担が増加しているケースもある。この影響で、とりわけ中小規模の畜産農家は廃業も含めて、経営が非常に困難な状況に置かれている[6]。

4　循環型社会の構築に向けて

　廃棄物のリサイクル技術としてのメタン発酵においても、最終的には農地での受け入れが制約条件になる。有機物循環という視点からは、今後これまで以上に農業に期待される役割は大きい。従来、農業は食料生産の機能が重視されてきたが、近年では景観や国土保全、環境教育の場など多面的機能が議論されている。同時に、今後はリサイクルや循環の視点から農業や農地がもつ廃棄物の有効利用の機能が重要な意味をもつ。有機物の循環システムの持続的な維持には農業の安定的な継続が必須条件となる。

　さらに、地球温暖化対策や資源枯渇を背景に、アメリカやブラジルを中心にサトウキビ(バガス)やトウモロコシなどの穀物を原料としたバイオエタノールの生産が、EUやアメリカ、東南アジアを中心に油糧種子(菜種など)を原料としたバイオディーゼル(Bio Diesel Fuel)の生産が拡大している。こうした各国の需要拡大は、世界の穀物、パーム油、大豆油などの生産への影響が大きい。途上国では、森林を伐採してサトウキビなどエネルギー作物を生産する、既存の生産体系からエネルギー作物生産へ転換を図るなど、環境や他の食料生産にも影響が出始めている。

　日本でもバイオ燃料利用の拡大に向け、京都議定書目標達成計画では2010年を目標に輸送用燃料として、国産、輸入を問わず、原油換算で50万kℓ(06年はゼロ)の導入をめざしている。また、中長期的に2030年ごろには、稲わらや木質などセルロース系原料や資源作物(バイオ燃料の原料となる農作物)から高効率にバイオエタノールを回収する技術を開発して、大幅な国産バイオ燃料の生産拡大が目標である。国内生産の対象となるのは食料、飼料に抵触しない稲わらや木質系原料となっているが、今後の情勢しだいでは食料、飼料作物への影響も不透明な状況といわざるをえない。つまり、大局的には、われわれはすでに、食料を取るのか車に乗るのかという次元の選

図7 都市と農村を通じた有機物循環システムの提案と課題

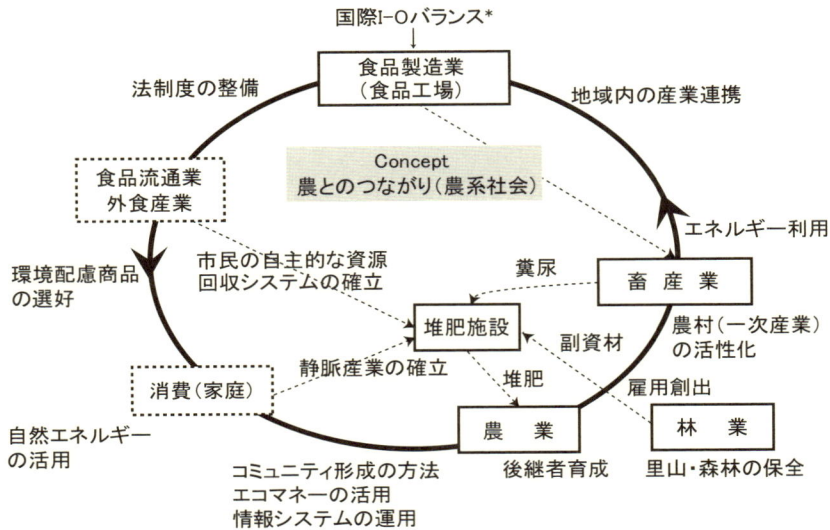

(注)＊は食料の国際的な需給バランスを指す。

択を迫られているのである。

　バイオ燃料の動向も踏まえ、循環型社会に向けて、"農とのつながり"を基本概念として、産業間連携、都市と農村の交流などをとおして、有機物循環システムの形成を図り、既存の社会・経済システムを変革していくことが重要である。最終的には社会・経済・産業システムだけでなく、われわれの生活観や価値観をも大きく転換していかねばならない(図7)。

　循環型社会の構築は、環境への負荷を環境容量以下に抑え、物質とエネルギーを系内で自己完結に近づけることであると同時に、日本だけでなく、地球という系内で人びとが物の豊かさと精神的な豊かさをともに満たす社会への方向転換である。それは、経済・社会システムも含めた、真の社会変革の大きな試みでなければならない。

1) 内藤正明・楠部孝誠「有機物循環の現状と課題―その困難さと対応―」『月刊廃棄物』2000年3月号、11〜16ページ。

2) 楠部孝誠・津村和志・内藤正明「食品系有機廃棄物の再資源化による環境負荷削減効果」『環境システム研究』第 26 巻、1998 年、311〜316 ページ。
3) 中田哲也「食料の総輸入量・距離（フード・マイレージ）とその環境に及ぼす負荷に関する考察」『農林水産政策研究』第 5 号、2003 年、45〜59 ページ。
4) 吉田弘之「亜臨界水加水分解による魚あらの高速高度資源化」『化学工業』第 50 巻第 2 号、1999 年、145〜149 ページ。吉田弘之「亜臨界水処理による未利用有機物の高速高度資源化と農林水産・畜産分野への応用の可能性」『畜産の情報 国内編』第 179 号、2004 年、21〜26 ページ。
5) 本書第 3 章参照。古川勇一郎・長谷川浩「バイオガスプラントによる生ごみリサイクルの経済性評価」『有機農業研究年報 Vol.6 いのち育む有機農業』コモンズ、2006 年、153〜166 ページ。
6) 楠部孝誠・高月紘「食品廃棄物リサイクルの動向」『廃棄物学会誌』第 18 巻第 2 号、2007 年、120〜128 ページ。

第❷章 生ごみ堆肥化活動における資源・技術・人のネットワーク的結合
―三重県内の衣装ケース利用方式の広がりを対象に―

波夛野　豪

1　ふたたび注目される生ごみ堆肥化活動

　循環型社会形成推進基本法ならびに食品リサイクル法の制定・施行を契機に、国内各地の生ごみ堆肥化活動が注目を集めつつある。都市ごみの多くは焼却処理が行われているが、新たに堆肥化に取り組む自治体は50を超え、事業主体も任意団体やNPOに広がっている。

　ただし、都市ごみコンポストの生産自体は新しいものではない。西欧では20世紀に入り、都市ごみの処理方法として堆肥化の手法が取り入れられ、工業的規模で短時日に処理可能な機械式の高速堆肥化法が普及していく。たとえば1950年代には、オランダ全土の生ごみを2カ所の堆肥化施設に集中するまでになっていた。

　また、日本国内では、1955年の神戸市を最初に、60年代なかばには全国31自治体で取り組まれたが、77年には豊橋（愛知県）・北条（愛媛県）・佐賀・長崎の4市にまで減少。その後、豊橋市も休止に至り、現在では他の3市も生ごみ処理機の購入補助制度へ移行している。60年代後半からの急速な石油化学工業の進展に伴い、容器包装のプラスチック化などの消費生活の変化による都市ごみへの異物混入の増加に対して従来のコンポスト製造技術では対応不可能となったこと、農業生産技術の近代化が進展してコン

ポストの需要自体が減少したことが、その理由である。こうした社会の構造的な変化によって、かつての都市ごみコンポスト事業はいったん衰退過程に入る。

しかし、現在では、廃棄物の処理は量的な面だけではなく、プラスチックの大量混入などの質的な処理の困難が問題となり、都市ごみからの石油製品の分離、生活ごみからの生ごみの分離が求められる段階となっている。その結果、ごみ処理の方法として焼却を避けている西欧全体で堆肥化事業が復活してきた。オランダ国内にはコンポスト4基が設置され、オランダ全土（人口約1640万人）から発生する有機性ごみ（年間120万〜150万t）の35％がコンポスト化されて利用されるまでになっている[1]。

ただし、生産と消費の双方における化学化の進行という変化は、現在も高水準のまま継続中である。農業生産における化学肥料の普及と生活資材に対する化学物質の多用は、生活廃棄物への分解性の低い異物の混入をもたらし、生ごみ堆肥化活動の阻害要因となる構造は変わっていない。

たとえば、堆肥製造に長期間を要することが、現在では阻害要因のひとつとされる。しかし、堆肥のおもな材料である籾ガラなどの農業廃棄物の排出時期や落ち葉などの収集可能時期、完成後の堆肥の施肥時期は、それぞれ秋・冬に限られるので、かつては問題とはならなかった。つまり、需要側である農業が堆肥を受け入れられる時期的制約はそのままだが、供給側の排出圧力が時期を問わず発生していることが、現在の生ごみ堆肥化活動の制約となっているのである。加えて、すでに堆肥代替製品である化学肥料の使用を前提とした技術体系が完成しており、これを再度堆肥に置き換えるには堆肥使用の優位性が認められる必要がある[2]。

一方で、化学肥料と比べた堆肥使用の効果は、農家に認められる以前に、消費者に認められつつある。したがって、堆肥資源の排出圧力と消費者からの堆肥使用産物の吸引力を結びつけることで、循環型社会における生ごみ堆肥化の可能性が見出せる。本章では、現在の生ごみ堆肥化活動の背景とその実態の分析によって、それらの活動の存続要因を明らかにし、今後

の展望を考察したい。

2　食品循環資源の定義と活用の現状

(1) 定義と法的根拠

　食品リサイクル法上の定義では、①食品副産物＋②食品廃棄物＝食品循環資源である。すなわち、従来から再利用されてきた①に加えて②も未利用資源として捉え、再利用を促すことで、結果的に廃棄物の減量を導く概念として示されている。実際にはリサイクルよりも減量に眼目があり、排出元での乾燥処理などの再利用を伴わない減量を認めているため、他のリサイクル法とは異なる性格を有している（ただし、減量が資源循環を円滑にすることは確かであり、その意味で循環型社会への貢献が損なわれるわけではない）。

　以下に示すように、この法律の特徴と限界は、その対象とする食品循環資源の特性に由来する。

①製造業・加工業からの食品副産物

　製造・加工プロセスが産出を目的とする以外の排出物であっても、需要が存在するものは、無価値の廃棄物ではなく副産物とされている。たとえば、ビールの醸造残渣やブロイラーの未利用部分、トウモロコシの胚珠部分など枚挙に暇がない。これらの食品副産物は50％近い高率で、薬品・化粧品・機能性食品などに再利用されている。また、現状では資源としての価値が見出されず産業廃棄物となっているものでも、今後新たな用途が発見されれば、こうしたプロセスからの排出物の均質性の高さは、コスト低減要因もしくは価値向上要因として機能する。

②流通過程・外食産業・一般家庭からの食品廃棄物

　流通過程における物理的損耗や賞味期限切れによるロス、調理材料とし

て利用できなかった部位、残渣、食事として提供された後の食べ残しなどである。プロセス的に食べ残しに近づくほど均質性が損なわれ、取り扱いが困難になる。混雑物の多い材料の均質性をより高めていく(エントロピーを低下させる)ことが、資源化という価値生産の本質である。その価値を実現するためのコストが生産物の価値評価額を上回る現状では、飼料や肥料としての利用が数少ない選択肢として残される。

　以上のように、食品循環資源の法的根拠は食品リサイクル法であるが、当該法以外でこの用語が用いられることは少ない。これは、この定義によって食品循環資源と一括しても、問題の捉え方や解決の方法が明確にされたとは言いがたいからであろう。実態として用いられている「生ごみ」という慣用語が、均質性の低さや腐敗しやすさ、それらによる資源化の困難などを巧みに表現している。

(2) 資源循環事業・活動の現状

　①の食品副産物の再資源化・再利用に関しては、産業ベースですでに高度なネットワーク形成が見られる。たとえば、BSE問題で機能低下は多少あるものの、レンダリング産業によって飼料・薬品・化粧品・機能性食品の材料としての再資源化が行われ、それぞれの産業へ供給されている。また、②の流通過程・外食産業からの食品廃棄物については、企業ベースで減量の取り組みが見られる。そして、量販店での処理機設置やホテル、レストランなどでの処理および農家との連携による肥料・飼料としての再利用などが進んでいる。

　ただし、②のなかでも一般家庭からの食品廃棄物は、重量ベースで食品循環資源の過半を占めるが、食品リサイクル法の対象外である。減量、再利用の活動を推進する義務も責任も、求められていない。それにもかかわらず、行政・住民活動ベースで堆肥化の取り組みが見られる。

　以上のほかに、近年ではバイオガス化に取り組む事例もあり、農村部における小規模の取り組みにおいて実績をあげつつある。しかし、上述した

ように国内初の都市ごみ堆肥化に取り組んだ神戸市では、2003年からのモデル事業が残渣の処理難によって開始後1年で休止に至っている。この残渣の処理難は、バイオガス化などに顕著である。これは、資源をいったん利用した後の廃棄物からさらに利用可能な資源を抽出するカスケード利用[3]の手法が、原理的には次段階の残渣(新たな未利用資源)の再利用性を低め、廃棄処理もさらに困難にし、廃棄物の質の問題を克服できないことを示すものである。

家庭系の生ごみは、食品リサイクル法の対象外でありながら堆肥化の取り組みが進められている。それは、行政にとってはコスト削減という経済的動機が大きいが、個人的な経済的利益は望めない行為である。にもかかわらず、自らの環境に対する意識だけでなく、他者の環境への配慮を有する、つまり人権意識の高い住民によって活動が展開されている。

生ごみの堆肥化活動は、個人レベルでは経済的インセンティブをもたない能動的活動なのである。また、他の廃棄物リサイクルと異なり、排出者によって再資源化の一端が担われることでさらに能動性を発揮するものでもある。その意味において、各地の堆肥化の取り組みは、経済原理に任せては駆動されない社会に有用な行為を導出する生ごみ堆肥化「運動」として存続しているところに、特徴の一端が確認できる。

3 生ごみ堆肥化の目的と方法

(1) 意義と目的

現在、生ごみの堆肥化の意義もしくは目的とされるものは次の2点である。
① 現在の収集・焼却システムの代替法
② 有効なリサイクルシステム
①については、全国的に焼却によるダイオキシン発生のリスクが知られ

たこと、名古屋市のごみ処理の転換点となった藤前干潟の保護運動をもたらした埋立地の枯渇問題などが、その背景にある。②については、循環型社会形成推進基本法の体系が、基本法の下に容器包装に係る分別収集及び再商品化の促進等に関する法律(容器包装リサイクル法)をはじめとするリサイクル法を中心に配置したものとなっていることから、鉱物資源や化石資源に比してリサイクル適性が高いとは言いがたい有機資源についても、いわゆる3R(リデュース＝削減、リユース＝再使用、リサイクル)のなかで優先順位の最後に位置するリサイクルが推奨されている現状がある。つまり、リサイクルの目的として肥料資源の枯渇が意識されているわけではなく、もっぱら排出元での減量を目的とするものが多くなっている。

したがって、堆肥化に取り組む際には、以下の点において目的と方法の適合性を十分に確認する必要がある。

まず、堆肥化によって生ごみは減量するのか。生ごみはそのまま飼料にする以外はリユースがむずかしいため、リサイクルだけでなく、リデュースつまり堆肥化活動による発生抑制の可能性の検討が必要である。これについてはすでに、住民による生ごみ分別実験を行なった東京都東村山市で、結果的にごみの総量が減量したこと、つまり、堆肥化を目的とした分別という活動によっていわゆるライフスタイルの変更がもたらされたと推測されるという現場の声が聞こえている[4]。

次に、再資源化後の行き先として堆肥を求める農家は存在するのか。岐阜市が2005年に需要確保の困難を理由に堆肥化プラントの計画を撤回したことは、この事業の困難さを表している。また、事業化が継続している場合も、再資源化によって廃棄物としての流通量は減少するが、堆肥の流通在庫が積み増しされているという問題が各地で聞かれる。

(2) 堆肥化のシステム

食品循環資源の場合、他のリサイクル資源と異なり、堆肥化の方法だけでなく、排出方法、収集の頻度と方法などを全体的なシステムとして捉え

る必要がある。堆肥化システムは、①生ごみ処理機・乾燥機や発酵資材などを利用して、一次処理だけで堆肥化プロセスを終了するものと、②それらの一次処理済みのものを収集し[5]、一定の堆積を確保したうえで二次処理のプロセスを経るものとに分けられる。

表1に示すように、排出元での処理には、専用の機器だけでなく段ボールを容器として利用するなどさまざまな工夫がある。二次処理を前提とした一次処理の場合は、収集の便宜のためと二次処理プロセスに円滑につなげるために、水切りバケツ（山形県長井市）、堆肥サンドイッチバケツ（滋賀県

表1　一次処理の方式とその特徴

方　　式	特徴と問題点	堆肥利用上の特性
①埋め込み式コンポスター	家庭内で完結可能	一次処理中も腐敗しやすい
②段ボールの箱型容器 　床材（燻炭・腐葉土・米ぬか）[1]	資材が安価で、入手容易 容器の耐久性が低い	容器の湿度によって腐敗しやすい
③電動生ごみ処理（乾燥[2]）機 　乾燥式・バイオ式・熱風乾燥バイオ式	各地で行政の補助があり、個人で取り組みやすい 処理物の廃棄が多く、二次処理が困難（油脂分、香料）	圃場投入後のリスクが高い
④ボカシ処理 　EMなどの発酵資材利用	嫌気性発酵のため臭気が発生する。したがって週2回の収集が必要	二次処理が困難。腐敗しやすい
⑤水切りバケツ 　長井市などで採用	回収までに腐敗しやすい 新聞紙などで水分を吸収する必要がある	一次処理での腐敗傾向が最後まで悪影響を及ぼす
⑥透明ケース・衣装ケース 　（耐候性）PP・ステンレス	日照による乾燥。月1回の収集で可 悪臭・ウジムシの発生（抑制にはコツが必要）	二次処理による分解、滅菌が容易
⑦堆肥・生ごみサンドイッチ 　乾燥した堆肥・床材・チップなど	家庭の負担は低いが、プラントの設置と週1～2回の収集が必要。収集コストがかかる	圃場への投入が不要

1) 床材は発酵促進の副資材。生ごみの窒素含有率が高いため、炭素含有率の高い資材が必要となる。資材の選定によって、堆肥化プロセスにおける発酵と熟成の期間が異なり、生ごみ投入前に準備する方式と、投入後に添加する方式がある。
2) 乾燥には電熱・発酵だけでなく、風乾・天日などもあり得る。

旧水口町(現甲賀市))、床材入り衣装ケース(三重県)など、排出時点や収集過程での腐敗を避ける方法が見られる。

つまり、二段階方式の堆肥化は、排出元での処理で完成をめざさず、腐敗を避けつつ減量・減容を目的とし、「生ごみを各家庭で腐らせない程度の一次処理」＋「収集(間隔・方法は多様)」＋「堆積による二次処理(堆肥舎での堆積・撹拌)」をプロセス要素として組み込んだシステムとして捉えられる。ただし、家庭で個人が行う場合は別として、地域で取り組む場合は、収集と二次処理場の建設・管理・堆肥の販売など行政の協力が必要である。そのため、行政と住民による共同の取り組み事例が多く見られる。とはいえ、住民グループ間での連携がないと、広がりや発展性が低いようである[6]。

(3)収集方法

資源循環ネットワークとは、資源を再利用できる先へ確実につないでいく自生的なリンケージであり、ほぼロジスティックスと同義であるということも可能である。

生ごみは含水率が高いという特性ゆえに、可燃ごみから分離しなければならない。それは可燃ごみの燃焼効率を高めるだけでなく、収集時の臭気抑制や取り扱いの容易さを高めるためにも有効である。一方で、一般ごみの3〜4割を占める生ごみを分離しても、従来のごみ収集システムと並行して生ごみ収集を行う場合は、コスト増を伴う。しかし、その含水率の高さゆえに、一次処理によって重量・堆積の大幅な減少が可能である。業務用処理機を共同利用する場合は3カ月に一度、衣装ケースで各排出元が一次処理を行う場合では6カ月に一度の収集頻度でシステムが運営されている事例が、実際に確認できる。

また、生ごみ堆肥化の取り組みには、施設の密閉性を高めるためのコストや消臭資材のコストが問題となる。高コストの白金触媒を利用する場合も見られるが、臭気対策のコストは、排出時および収集時の腐敗を避けることで低減できる。そのためには、排出元での一次処理だけでなく収集方

法が問題となる。

　堆肥化事業の主体によって、採択できる方法は異なる。行政・企業が主体の場合、収集は専用車(トラック・パッカー車)が提供されるため、各家庭からの排出は大型バケツ・ポリ袋・生分解性袋・コンテナ・車輪付き大型カートなどが利用できる。しかし、宅配産直農家や残飯養豚農家などが収集する場合は汎用車を工夫して利用するしかないため、二次処理施設の能力だけでなく、この収集能力がボトルネックとなって小規模のシステムとならざるをえない。

　ただし、小規模なシステムの場合、二次処理プロセスを手仕事もしくはローダーを利用した堆積と切り返しだけで構成できる。それゆえ、施設は屋根付三方壁面の開放型堆肥舎で十分であり、100万円のオーダーで建設可能である。行政が主体となって取り組む場合も、機械式の高速堆肥化法だけが選択肢ではない。後述の事例からは、行政が取り組む小規模システムの可能性を見出すことができる。

4　生ごみ堆肥化活動の実態

(1)各地の概要

　全国規模の活動推進団体としては、①(特)生ごみリサイクル全国ネットワーク、②(特)有機農産物普及・堆肥化推進協会(NPOたい肥化協会)の二団体がある。①に参加する主体は、規模の大小を問わず、全国で生ごみ堆肥化に取り組む住民や行政・事業家であり、こうした活動の情報センターとして機能している。②は毎年全国大会を継続しているが、堆肥化資材の販売目的色が強い。情報発信機能はあるものの、民間活動の情報収集などは十分ではない。全国的な活動を網羅した情報は、このほか環境自治体会議、家庭系食品廃棄物リサイクル研究会などの報告書が見られるが、各地で取り

組まれている活動の全容を示すものはまだ見られない[7]。

　三重県においては、各地で透明プラスティック製の衣装ケースを利用した各排出元における一次処理と、それらをネットワーク的に集めた二次処理という、多額の導入費用を必要としない二段階処理方法が広がりを見せている。この広がりのきっかけは、消費者の生ごみ堆肥化を続けていた有

表2　三重県内における生ごみ堆肥化ネットワークの形成事例

地域	団体名	組織形態	開始年	世帯数	処理システム	特　徴
①津市	隣ごの樹	任意団体	98年	20	事業用処理機共同利用	有機栽培農家が二次処理
②熊野市	エコフレンド	任意団体	01年	20	衣装ケース利用	商工会を中心とする循環ネットワークが構想されたが、その後停滞、CM(*1)1名
③旧飯南町	生ごみ堆肥化研究会	任意団体	01年	130	衣装ケース	町が庁舎駐車場に二次処理場建設、CM 1名
④旧藤原町	うりぼう	農事組合法人	01年	35	衣装ケース	町が二次処理場を建設。いなべ市発足と同時に行政のかかわりは停止
⑤桑名市	「輪」リサイクル思考	NPO法人	01年	約500	衣装ケース	市が一般廃棄物の回収施設建設、堆肥技術者(*2)8名
⑥紀宝町	健康文化の町推進会議生ごみ堆肥化部会	任意団体	01年	45	衣装ケース→生ごみ・堆肥サンド方式(*3)	県のモデルとして事業推進
⑦伊賀市	伊賀環境問題研究会	任意団体	02年	200	衣装ケース→堆肥クルクルシステム	廃棄物処理企業が収集・二次処理堆肥化、CM 3名
⑧松阪市	亀さんの家	NPO法人	04年	衣装ケース25世帯、その他30世帯		高齢者による地域活動を推進するNPO、CM 2名
⑨東員町	生ごみリサイクル思考の会	NPO法人	04年	145	衣装ケース	RDF爆発事故被害遺族参加、堆肥技術者3名
⑩鳥羽市	とばリサイクルネットワーク	NPO法人	07年	300	衣装ケース	離島での焼却処理を転換するために行政が推進

*1)三重県の養成制度に基づく認定コンポストマイスター。
*2)民間の養成講座の修了者。
*3)各家庭で生ごみと床材の堆肥を重ねながらバケツにサンドイッチ状に投入し、それらを大型バケツで回収後に二次処理を行い、二次処理後の堆肥がふたたび床材として各家庭に戻される。堆肥化によりながら農業利用に依存しない生ごみの循環システムである。伊賀環境問題研究会は堆肥クルクルシステムと呼んでいる。

機栽培農家の発案と、2001年より三重県が運営・認定するコンポストマイスター養成制度の修了者、および発案農家による独自の堆肥技術者養成講座修了者の活動である[8]。また、高速堆肥化機械が安濃町、飯高町で採用され、実証実験を継続している。

表2に、三重県内での二段階処理を前提として生ごみ処理に取り組む集団を整理した。

なお、ここで利用される衣装ケース方式とは、通気孔を開けた透明の衣装ケースに籾ガラ、米ぬか、落ち葉、土を発酵させた床材を敷き、その上に生ごみを投入する方法である。日照の利用により、透明ケースの温室効果と籾ガラの吸湿効果で生ごみが乾燥・発酵し、ごみを減容しながら長期間にわたり溜めておくことができる。この一次処理物を収集し、発酵熱の発散を抑え、熱集積効果のある1㎥程度の量を確保して堆肥化する。

一般に普及している家庭用の電気加熱式機器と異なり、購入費用は安価で電気代も不要であるが、1㎥の堆積を確保するには約20世帯の協力が必要である。この要素が、各排出元で処理の完結を志向する場合は制約方向に働くが、一方でネットワークの形成を促す機能を発揮する事例が確認できるところが注目される。

写真に衣装ケース方式で用いられている容器と発酵段階ごとの状態を示

衣装ケースを利用した生ごみ処理方法

① ② ③

した。このケースに蓋をして太陽熱を利用するのが特徴である。籾ガラ・米ぬか・落ち葉・粘りのある土を8:2:1:1に混ぜて床材とし、2～3日発酵させてから、ケースに半分くらい入れる(①)。そこに毎日生ごみを投入して軽くかき混ぜる。②は2カ月経過した状態である。③は6カ月後のふるいをかけた状態。これで一次処理の完成だ。各家庭で菜園や花壇に利用するならこれでもよいが、これを10ケース集め、さらに米ぬかと土を加えて二次処理に移るのがよい。

(2)個別事例の概要と特徴

①津市・隣ごの樹

近隣20世帯が、代表者宅の庭に設置されたグリーンサポート協同組合の開発による業務用生ごみ処理機のプロトタイプ(試作品)を共同利用している。数カ月で処理機が満杯になると、代表者と提携している有機栽培農家(旧白山町(現津市)の橋本力男氏)が野菜配達時に持ち帰り、二次処理を行う。津市に対して、生ごみ処理機の購入と農家への持ち帰り、二次処理の費用補助の陳情を再三にわたって行なっているが、実現していない。

同様の処理機の利用は津市に他1件、松阪市に1件グループでの取り組みが見られたが、世話役の事情により短期で解散した。その一方で、名古屋市の(特)トマトの会がこの業務用処理機を利用する方式を採用し、市から1000万円以上の補助および業務委託を受けて活動を展開している。

この「隣ごの樹」の活動が、高価な(1機約150万円)処理機に頼らず、衣装ケースを一次処理に利用して二次処理での発酵を促進する方式を橋本氏が考案する契機となった。

②熊野市・エコフレンド

熊野市は農林水産業の構成比が高い。2001年には、その残渣の活用システム構築をめざして商工会議所を中心としたネットワークが構想され、行政の取り組みとしても魚あらなどの再資源化施設や堆肥舎の建設が行われ

た。しかし、臭気問題の発生や堆肥施設の立地的な利用難、再生資源の需要開拓が進まないことなどから、取り組みは停滞している。また、民活法（民間事業者の能力活用による特定施設整備に関する臨時措置法）指定第1号の古畳の堆肥化事業（稼動数年後に残留農薬の指摘により販路確保が困難となる）や、農家による新聞紙シュレッダーくずと小学校の生ごみ、鶏糞を混合した堆肥化活動が注目を浴びたものの、住民主体の生ごみ堆肥化活動は一般の参加者が少なく、停滞気味であった。とはいえ、一人の認定コンポストマイスターの地道な活動が継続され、エコフレンドというグループ活動として20世帯の参加が定着している。

③旧飯南町（現松阪市）・生ごみ堆肥化研究会

衣装ケース方式に行政が積極的にかかわった最初の事例である。町主催による「大人の社会見学」受講者が町長とともに橋本氏を訪問し、生ごみ処理の考え方を学んだことが契機となって、訪問翌日から取り組みを開始した。当初は生ごみ堆肥の効能を聞いた者が参加していたが、現在では生ごみ堆肥化研究会として活動し、参加130世帯と町内全世帯の7％に達している。派生的な活動として、排出元の高齢世帯の安否確認や交流が始まるまでになった。県と町の補助による約100万円の費用で庁舎の駐車場に二次処理施設が建設され、環境課の職員が切り返し作業を担当している。

④旧藤原町（現いなべ市）・農事組合法人うりぼう

直売所を運営する農事組合法人うりぼうの参加者60名中35名が衣装ケースを利用した生ごみ堆肥化に取り組み、4名のスタッフが中心となって二次処理を行なっている。旧藤原町では町営農業公園に二次処理場を建設するなどの推進姿勢であったが、いなべ市発足後、新市長の指示により支援活動は中止に至った。現状では、生ごみを一般ごみから分離して回収することは、従来の廃棄物回収システムと重複するため、こうした活動の有用性については首長の認識の違いが大きい。後述の鳥羽市と好対照である。

⑤桑名市・(特)「輪」リサイクル思考

　桑名市は一般廃棄物の総合的なリサイクルを行う施設としてクルクル工房を建設し、その運営を NPO に委託している。官民協力で発足したこの工房は、資源物回収・リサイクルショップ・環境問題啓発なども行なっており、約 500 世帯が参加する三重県下最大の生ごみリサイクル施設である。

　リサイクルが製造者責任となっている他の資源と異なり、生ごみの処理については、特定非営利活動法人「輪」リサイクル思考が桑名市からの委託を受け、01 年より堆肥化を行なっている。市の助成を得て、橋本氏を講師に 20 回にわたる実習中心の「堆肥の達人養成講座」を主催し、8 名が堆肥の達人として「輪」リサイクル思考の生ごみ堆肥化事業にかかわる。これを受けて市はさらに 980 万円の二次処理場を建設し、衣装ケース方式による地域の堆肥化システムをバックアップしている。

　このシステムは、衣装ケースによって各家庭で生ごみを乾燥・減量処理し、一次処理品をクルクル工房に持ち込むという方法である（一部地域では回収も行なっている）。ケースは床材入り 500 円で販売しており、販売累積は約 1500 ケースに達する。おもに、定年退職者が堆肥づくり（堆肥化・生ごみ回収）を有償で担っている。これらの人件費を含めた堆肥づくり事業に関する年間のランニングコストは約 200 万円、堆肥舎の建設費用などのイニシアルコストは約 1700 万円である。二次処理の堆肥は 3 カ月で約 10 ㎥ が生産され、すべて無償で希望者に還元される。

　ただし、一次処理品の持ち込みは一日平均 4〜5 ケースで、継続中の家庭は約 500 世帯である。ケースを購入しながら、ウジムシや臭いの発生で一次処理をリタイアする家庭も多いことが考えられる。また、二次処理での初期の切り返し時に発生する臭気についても近隣からの苦情が届くことがあり、持ち込みには便利な立地であるが、排出元つまり生活圏に近いゆえの問題もかかえている。なお、桑名市の堆肥の達人養成講座以降、橋本氏は独自のプログラムを構成し、毎年 10 名程度の堆肥技術者の育成を継続してきた。

⑥紀宝町・健康文化の町推進会議生ごみ堆肥化部会

　紀宝町では、01年より女性6名のグループが中心となって、衣装ケースの配布、床材づくり、収集、堆肥づくりを行なっており、参加者は130世帯にまで達した。町は50万円の費用で小型堆肥舎を建設し、その後ガラス温室も提供するなどの協力を行い、これらの活動の成果を受けて、生ごみと堆肥のサンドイッチ方式による行政プロジェクトが三重県の「平成17年度ごみゼロ社会実現プラン推進モデル事業」として採択。05年9月より、200世帯程度のモデル地区を設定した試験運用が始まった。運用にあたっては、シルバー人材センターから2名が作業に派遣されている。

　このモデル事業は、滋賀県旧水口町で採用されていた堆肥サンドイッチ方式を導入したものである。現在45世帯が参加し、各家庭は町から無償配布されたバケツに生ごみと種堆肥をサンドイッチ状にして繰り返し投入後、その一次処理物を各地域のごみステーションに設置した大型の回収容器に投入する。それを大型容器ごと町の委託事業者が回収し、山中にある処理施設で堆肥化(二次処理)を行い、できあがった堆肥を種堆肥として、ふたたび各家庭に配布するという仕組みである。

　立ち上げ時に必要な種堆肥は、近所の牧場で生産されるバーク(木皮)堆肥を使用している。この堆肥舎でつくられる堆肥は農業用には使用せず、すべて種堆肥として使われる予定だ。現在は堆肥化過程での生ごみの減容が大きく、剪定枝・刈り草・近隣の牛糞堆肥などの補充が必要な状況である。

二次処理施設内部(紀宝町)

⑦伊賀市・伊賀環境問題研究会、協働塾、廃棄物処理企業

　伊賀環境問題研究会では02年より認定コンポストマイスター3名が中心となって、衣装ケース方式による一次処理とその収集・二次処理を廃棄物処理企業が引き受ける方法で生ごみ処理に取り組んできた。その後、参加者の増加に伴う負担の顕在化によって、旧水口町の堆肥サンドイッチ方式（伊賀環境問題研究会の呼称は堆肥クルクルシステム）に転換した結果、参加者は200世帯にまで拡大している。旧水口町と同じく行政による回収方式として採用されるよう伊賀市への要請を続けているが、焼却設備に逼迫した状況がないことを理由に、採用に至っていない。

⑧松阪市・（特）亀さんの家

　高齢者による宅老所、野菜の栽培・販売などの地域活動を推進するNPOとして04年に発足と同時に、生ごみ堆肥化に取り組んだ。現在、衣装ケースで25世帯、その他の容器で30世帯が一次処理を行なっている。認定コンポストマイスター2名が活動に参加し、うち1名が回収・二次処理・指導を担当する。

　デイケアサービスを利用していたような相当の高齢者が中心となって実作業を行い、堆肥を使用した農作物の販売によって、少ないながら利益も上げている。堆肥舎は豚舎を利用しており、開放的な空間・土間コンクリートなど堆肥をつくるのに作業性のよい構造である。また、一次処理容器として、衣装ケースだけでなく港で使用していたプラスチック製のコンテナを再使用し、工事現場の型枠を再利用したピットで堆肥の山裾が広がるのを防止する手動のふるい機を手づくりするなど、使用する機材にコストをかけない工夫がなされている。

　一般の堆肥化施設と異なり、機械化された要素が少ない本来の意味での「手づくり」の堆肥施設である。大量生産は望めないものの、高齢者の経験と工夫が作業に生かされることで、多くの笑い声やコミュニケーションが生まれた。何よりも、働くおばあちゃんたちの生きがいをつくっているこ

再利用のプラスチック製コンテナ(左)と手づくりの堆肥ピット(右)

とが、この活動の特徴である。

⑨東員町・(特)生ごみリサイクル思考の会

　旧多度町(現桑名市)のRDF(ごみ固型燃料)発電所事故の遺族が中心となって設立されたNPOが、東員町内の笹尾地区と城山地区を対象に、ごみ減量と生ごみコンポスト化事業に行政と共同で取り組んでいる。「ごみを資源ととらえた地域づくりの展開」を活動目標としているが、RDFのような焼却というごみ処理方法を避け、少なくとも生ごみを分別することが、この活動の基礎にある。

　橋本氏主催の堆肥技術者養成講座に3名が参加し、やはり衣装ケースによる一次処理とグループ活動による二次処理という方法を採択した。行政の援助を得て、「東員町資源ごみストックヤード」敷地内横に、単管パイプとポリカーボネートの波板でつくられた堆肥舎が建設されている。簡素な構造だが、1200世帯分を処理できる。

　活動への参加家庭は、45ℓの衣装ケースを500円で購入し、回収や床材の製造は13人のボランティアが無償で行う。現在、8000世帯のうち145世帯が参加し、毎回の回収率は47%程度である。これは桑名市の活動と同様に、衣装ケースを購入しても投入後の水分管理の面倒やウジムシの発生などによって継続していない家庭があるためと思われる。NPOとしては、この問題解決の工夫や指導を行いながら、将来的には、安否確認や宅配サー

ビスの構想も提案。また、堆肥化活動だけでなく、ショッピングセンターでリサイクルステーション活動も行い、毎週日曜日、新聞・段ボール・ウエス（機械類などの汚れを拭き取る布）などを回収して、1kg あたり6円の収入を得ている。

⑩鳥羽市・(特)とばリサイクルネットワーク

離島での焼却処理方法を転換するために、行政が05年より衣装ケースによる堆肥化活動の推進に積極的な取り組みを開始し、(特)とばリサイクルネットワークをはじめとする市民グループや建設企業などが参加している。環境課職員による二次処理が試行されているが、鳥羽市全体での推進も視野にある。

観光施設が多いという鳥羽市の特性として、一般廃棄物の5割強が事業系であり、さらにその7割が生ごみである。そこで、今後は施設の配置や整備などのグランドデザインが必要となる。そのため、橋本氏の堆肥技術者養成講座に市から2名が派遣され、堆肥化技術だけでなく、その利用方法やネットワークづくりの考え方などを研修している。

5　食品循環資源ネットワークの形成と展開方向

(1)ネットワーク形成の分析視点

食品循環資源ネットワークの形成の要因・背景を検討するうえで、以上の事例から得られる示唆は、①動機・目的、②堆肥化技術・資材、③資源循環を駆動する技術と人・組織、という分析視点である。

①動機・目的

ごみ処理を求める場合と良質堆肥の生産を求める場合で異なり、投入コ

ストや成果を評価する指標も異なる。しかし、地域的に持続可能な生ごみ堆肥化システムは一次処理と二次処理が連結しており、二次処理後の堆肥を種堆肥として循環させる場合以外は、栽培に使用した作物(つまりは有機農産物)を一次処理側(各家庭)に循環させるための販売支援も構成要素として必要であろう。

　生ごみリサイクルを進める主体が行政である場合は、処理施設の延命やコストダウンの必要が動機であり、新たな活動を進める場合も追加コストの発生は避けることとなる。市民が主体となる場合は、環境意識の向上や生活スタイルの改革を背景にしており、新たなシステム構築のためにはコストが発生するのは当然との考えがある。

　一般に、市民と行政がともに学習して、地域にあった生ごみリサイクルシステムをつくっていくことが重要とされる。しかし、担当者によって意識や取り組みに差異があり、都道府県と市町村の担当者との連携が見られないなどの阻害要因もある一方で、廃棄物処理企業と住民との連携も見られる。また、廃棄物処理企業だけでなく、処理機製造業・建設業・造園業などの参入もあり、今後はこれらの企業と住民活動との連携が活動の持続性を保証するとも言えよう。

②堆肥化技術・資材(微生物資材・機材)

　堆肥化技術として、微生物資材や機材の利用方法が注目されている。民間農法として以前から島本微生物や内城菌などが知られ、近年ではEM菌やBMW(第4章参照)などが発酵促進のための添加資材として普及してきた。

　しかし、堆肥化活動には、こうした発酵菌や酵素・ミネラルなどの添加資材の使用方法よりも、堆肥の発酵過程の管理・見極めが重要である。さらに、添加資材ではなく、材料となる地域資源(廃棄物)に関する知識とその配合割合が堆肥化技術の基本となる。材料として適正なC/N比と、完成段階における適正なC/N比の実現が、順調な発酵過程とその結果としての良質な堆肥の製造における重要な指標である[9]。

③資源循環を駆動する技術と人・組織

　堆肥化活動に参加する個々人の動機や技能は、それぞれ異なる。それに応じて、果たす役割も、排出時点での分別のみのかかわりか、収集・処理にもかかわるかなどで自ずと異なる。

　活動にかかわる主体の組織形態としては、住民による任意団体と行政との連携が多い。加えて、**NPO**、廃棄物処理企業、建設企業といった明確な主体も現れており、それぞれに行政との連携を模索している。また、技術の広がりの点では、小・中学校での総合的学習の時間などにおいて、透明衣装ケースを利用して生ごみを微生物分解する方法が採用されている。たとえば、旧美杉村(現津市)立美杉南小学校は衣装ケースを、旧白山町立川口小学校はステンレス製の大型専用容器を利用。生ごみの投入から分解、堆肥化に至る過程を観察するとともに、農家での堆肥施用の実際を見学するなどの教育が実践されている。

(2)ネットワーク形成の要因・背景

　一般には、堆肥化システムの主体やその構造を見る際にはその処理能力や規模が注目されるが、以上の検討からは技術の視点が重要となる。

　いずれの事例においてもその基礎となっているのは、透明容器による日照を利用した一次処理と、その処理物の集積発酵技術である。技術自体の完成度は高いものの、システムを構成する要素それぞれはシンプルで、初心者にも敷居が低い。

　また、資材・機材の入手が容易で自給性が高く、活動参加者それぞれが切り返し、臭気判定など自力で発酵過程をコントロールできる自律性の高さが、実践の継続に伴う面白みを感じさせる結果ともなっている。さらに、農家が長期間にわたって有機栽培を継続し、堆肥を利用していることで、その効果や問題点の検証作業が続けられており、この成果と活動参加者の工夫などが共有できるネットワークが農家を中心に形成されつつある。

　この衣装ケース利用方式は、収集・一次処理プロセスにおける悪臭など

の問題を参加者の工夫で克服できる。加えて、電気料金などの追加費用が不要である。そして、製品の在庫や滞留がどの事例でも見られないなど完成した堆肥の質が高い、すなわちプロセスとアウトプットの視認性が高い。それらが、廃棄物の自己管理による生活の見直し・農業生産における主体性の回復・グループ活動による品評・競争の楽しみなどをもたらしているといえる。

　この要素は、簡易な器材を利用できる反面、その耐久性の低さ、グループ活動を必要とする一家庭単位での自己完結の困難などの問題を伴う。とはいえ、再生資源利用圃場（提携農家）、高い好奇心、観察力、こまめさの必要といった参入障壁的な要素が、逆に参加者の意欲と自発性を高めている。それら自体がネットワーク形成の必要条件であり、自己組織化要素ともなっているのである。

　三重県においては、上述のさまざまな動機を有する多様な主体による取り組みと、農水商工部による三重県コンポストマイスター養成制度の制定、環境森林部による環境学習会での当該技術紹介講座の連続開講などの行政による側面支援によって、一農家の考案による技術が県内1800世帯にまで広がり、そのネットワークが進みつつある。これは、国内で滞留気味の堆肥化活動の実践に対して有用な示唆を与えるものであろう。

　衣装ケース方式による堆肥化技術は県外にも広がり、すでにふれた名古屋市や旧水口町以外にも、一宮市・豊橋市（愛知県）、明日香村（奈良県）、呉市（広島県）でも取り組みが始まっている。

6　循環型社会にふさわしい農業のあり方

　以上、生ごみの循環システムもしくはネットワークの形成要件をいくつかの視点から分析した。今後のネットワークの展開方向としては、畜産廃棄物処理の相対的な重要性から、それらの活動との連携に進む方向が期待される。

　事業系・家庭系をあわせた一般廃棄物の生ごみ排出量は年間1200万tであるのに比して、産業廃棄物である畜産糞尿の排出量は年間7000万tにのぼる。現在、排出元で行われている堆肥化は糞尿の処理がおもな目的であり、他の資材との混合などの堆肥の質向上のための方策をとることは考えられない。一方で、堆肥化活動はその質の向上をもたらす資材を求めて川上や地域内の他の排出元などへ自ずとネットワークを展開するものであり、システムを自己組織化していくという記述も可能である[10]。

　たとえば、畜産廃棄物の利用による土づくりの効用が喧伝されているが、畜産糞尿のみを材料とする堆肥(厩肥)は、施用を続けると土壌の栄養バランスの偏りや土壌固化をもたらすなどが現場で経験されている。堆肥施用の効果を高めるには、畜産糞尿と同量以上の炭素資材(籾ガラなど)を混合した堆肥化が必要である。本章で取り上げた生ごみ堆肥化で用いられている床材を利用した一次処理の考え方や二次処理の技術は畜産糞尿にも応用できるものであり、こうした方法での土壌固化の解消や栄養バランスの回復事例も確認されている[11]。生ごみ処理の技術とネットワークは、堆肥の質の向上のために多様な資材を必要とし、堆肥資材として調達可能な有機性資源を求める地域ネットワークとしての展開可能性を内部要素としてもっているのである。

　ただし、質の向上が循環の一要件であるのは確かだが、堆肥に対する需要を喚起しないことには、いずれどのシステムも確実に目詰まりを起こす。

堆肥の需要喚起には有機農業もしくはそれを肯定する農業観が必要であり、堆肥化施設を建設すれば資源循環が自動的に進むわけではない。

　同様に、農家が慣行の農業システムにとどまりながら、化学肥料を堆肥と入れ替えるだけで生ごみ堆肥による農産物需要に応えることは不可能である。単に生ごみ堆肥を使用しただけの農産物需要が存在するわけではなく、有機農産物市場もしくは安心・安全市場、地産地消市場のなかに生ごみ堆肥農産物を理解する消費者の存在が期待されるのである。これらの消費者の地域資源循環農産物需要ともいうべきニーズは、循環型社会にふさわしい農業のあり方を求めているのであり、肥料資材というシステム要素の変更だけを求めているのではない。

1) 以上の事実経過に関する記述は、藤田賢二『コンポスト化技術』(技報堂出版、1993年)、市橋貴『ゴミと暮らしの戦後50年史』(リサイクル文化社、2000年) などに依拠している。
2) 堆肥の使用は、その優位性以前に未熟堆肥の危険性が認識されており、かつての堆肥化事業の停滞の一因ともなっている。機械式の高速堆肥化システムを製造する事業者間では製造期間の短縮度を競う傾向も見られるが、その幅は2週間程度から2カ月までさまざまである。しかし、完熟の定義自体にばらつきがあり、さらには発酵・熟成の度合いだけでなく、施す作物によっても施肥可能な発酵段階は異なる。
3) 生ごみからバイオガスを抽出し、抽出後の廃液からまた液肥を取り出すといった、小さな滝(カスケード)をいくつも重ねたような利用方法。
4) (特)生ごみリサイクル全国ネットワーク監修『生ごみリサイクル事例集』(特)生ごみリサイクル全国ネットワーク、1999年。
5) 添加する発酵資材として多くの微生物資材が市販されており、それぞれに優位性を主張している。岐阜県可児市では行政がEM菌を配布し、かなり普及しているが、家庭での処理後は行政の施設で堆肥化処理を行なっている。やはり、乳酸発酵した生ごみをそのまま圃場に施すには無理がある。
6) この二次処理の考え方は、全国的に一般化しているわけではない。各地の家庭で実施されている(とくに近年、北海道で盛んに取り組まれている)段ボールでの生ごみ処理などでは、段ボールから圃場へ直接投入しており、二次処理の発想は見られない。
7) 中村修・和田真理「自治体における家庭系生ゴミの資源化状況について─社会

的技術の視点から―」(『長崎大学総合環境研究』第 6 巻第 1 号、2003 年)によれば、全国で 52 自治体の堆肥化活動が確認されている。しかし、題目が示すとおり民間独自の活動や事業系の活動は把握されておらず、残念ながら本章で取り上げている三重県の事例を全国の状況に位置づけることはできなかった。

8) ネットワーク形成には、コーディネーターとしての堆肥技術者が重要な要素となる。農水省はコンポストコーディネーターとして 2500 人を養成しているが、その養成方法は講義の受講のみである。一方、三重県コンポストマイスター養成制度では机上の研修だけでなく、実習を組み入れ、堆肥の判定に必要な臭気、外観、手触りなどの実践的なセンスを養成している。地産地消ネットワークみえの企画、三重県農水商工部の制定、三重県農林水産支援センターの運営という手法で、18 名の養成研修を修了しており、実践活動を通じた養成を継続中である。現在は、コンポストマイスターに加えて、橋本力男氏主催の養成講座修了者 28 名の公的認定を検討中であり、両者を併せると三重県内の堆肥技術者は 46 名となる。その過半数は企業からの派遣であり、ここにも企業活動との連携の必要性が確認される。

9) C(炭素)と N(窒素)の比率において、炭素の割合が高すぎると、有機物分解過程で土壌中の窒素飢餓を引き起こす。また、低すぎると、窒素過多による根焼けなどが起きやすい。廃棄物処理の発想では、特定廃棄物の C/N 比を矯正しないまま処理に入るため、処理プロセスやアウトプットに悪影響を与えることとなる。堆肥化処理には生ごみだけでなく、おから、籾ガラ、米ぬか、落ち葉、赤土などの材料を複合して、C/N 比やミネラル不足の調整が必要である。これらの堆肥化を容易にする補助資材は行政の範囲を超えた流通が考慮されてよいが、多くは無価物の資材であるため、廃棄物行政上その流通は同一市町村内にとどまることとなる。しかし、これは同一市町村内での有機性資源の活用を可能とする要素でもある。

10) 再資源化された堆肥の質の問題については、波夛野豪「廃棄物再資源化システムにおける『質』問題と技術要素」(『農業・食料経済研究』第 49 巻第 2 号、2003 年、39～47 ページ)において言及している。

11) 奈良県御杖村のあるハウスホウレンソウ栽培農家は、橋本氏の指導によって牛糞厩肥の二次処理を行い、その施用による土壌改善の結果、作物の抜き取りが不可能になっていた圃場の固化が解消できた。こうして堆肥技術の有効性を認識し、上記の養成講座を修了するまでになった。

第❸章 バイオガスプラントによる生ごみリサイクル
―経済性評価と有機栽培における利用技術―

長谷川浩・古川勇一郎

1 生ごみ処理の現状とリサイクルの意義

　日本の一般廃棄物排出量は年間5273万t(2005年度)であり、食品廃棄物(生ごみ)はその3割強(1633万t)を占めている。この生ごみは堆肥や飼料としてリサイクル可能であるが、実際にリサイクルされる生ごみは3%程度であり、とりわけ一般家庭由来の生ごみリサイクル率は2%にすぎない[1]。不純物のない組成の均一な生ごみ原料の安定確保、リサイクル製品である堆肥や飼料の販路確保、リサイクル施設そのものの採算性維持が容易ではないために、生ごみリサイクルが敬遠されてきた結果といえる。

　現状では、ほとんどの生ごみが「燃やすごみ」として焼却処理されている。生ごみの焼却処理は衛生的であるという一面もあるが、多量の水分を含むため、焼却処理には補助燃料(おもに重油)が不可欠である。その際、資源の浪費と焼却によって生成される化学物質による汚染が懸念される。一方、生ごみを「燃やすごみ」から分別することでごみ焼却施設の効率的な運転が可能となり、2000～3000円/tの焼却経費削減効果が得られるという試算結果も報告されている[2]。したがって、生ごみリサイクルの推進は、未利用有機資源の有効利用という側面だけでなく、多面的な効果を有すると期待される。

　近年、生ごみなどの未利用有機資源(バイオマス)を有効利用するための施

設としてバイオガスプラントが注目されている。バイオガスプラントではバイオマスを嫌気発酵させ、得られたバイオガス(メタンが主成分)をエネルギー源として利用する。また、発酵液(残渣)は有機液肥として農業利用も可能である。エネルギー利用の基礎技術は確立されているため、すでに複数の実用プラントが運転されており、今後も建設が増える見通しである。

バイオガスプラント建設に際しては、スケールメリットによる建設経費や運転経費の削減[3]を見込んで大規模集約型を推奨する傾向にある。だが、生ごみ収集経費や発酵液の処理経費などリサイクルの枠組み全体を考慮した場合、大規模集約型プラントが経済的に有利になるとは必ずしも言えない。生ごみの収集方法・収集量・状態、あるいは発酵液の扱い方によって、それぞれのプラントの付帯設備が大きく異なるためである。たとえば、高度な付帯設備(分別・排水・脱臭)を完備した大規模プラントと、簡素な機能のみを備えた小規模プラントでは、どちらが経済的に有利であるか。このような視点からの議論はほとんど皆無である。

埼玉県小川町では、地元のNPOを中心に農家・市民・行政が一体となって、小規模分散型バイオガスプラントによる生ごみリサイクルに取り組んできた。バイオガスプラントを単なるごみ処理施設＝迷惑施設としてではなく、地域経済を発展させるために有用な中核施設の一つとして期待している。

この取り組みでは、バイオガスの生産は副次的な目的であり、主たる目的は完全分別された生ごみを原料として発酵液を生産し、有機農業に活用することにある。実際、発酵液は地元の有機栽培圃場を中心に100％農地利用されており、NPOの中心メンバーは有機栽培農家であることが示すように、生ごみリサイクルは有機農業および地域活性化の一環として取り組まれている。この生ごみリサイクルを円滑に進めるためには、生ごみ分別協力者と発酵液の利用者の需要と供給に則した規模のバイオガスプラントを建設し、必要に応じて柔軟に増改築できることが重要になる。そのためには小規模分散型プラントが都合がよいと考えられている[4]。

小川町バイオガスプラントのように生ごみの排出元分別と嫌気発酵液の全量農地利用を前提とする場合、機械分別装置や排水浄化設備などの付帯設備は不用であり、バイオガスプラントの設計はシンプルになる。したがって、多くの付帯設備を備えるプラントに比べて建設経費や運転経費は割安と考えられる。しかし、実際的な経済性評価は行われておらず、また、スケールメリットの大きい大規模集約型バイオガスプラントなどとの比較検討もされていない。

　小川町の小規模分散型バイオガスプラントによる生ごみリサイクルの取り組みは他に例がなく、先進事例の一つとしてきわめて興味深い。本章では、まず小川町の小規模分散型バイオガスプラントに注目し、大規模集約型のバイオガスプラントや堆肥プラントなど他の処理方法と比較しながら、生ごみリサイクルの経済性評価を試みた。また、発酵液は即効性だが、養分濃度は0.3%以下と薄い[5]。そこで、この特性を考慮して、有機栽培における発酵液の有効な利用法に関する圃場試験を行なった。以上から、小規模分散型バイオガスプラントの普及技術としての可能性と今後の課題について整理したい[6]。

2　生ごみの処理方法と処理経費の比較

(1) 小川町バイオガスプラントの施設概要と処理経費

　小川町バイオガスプラント(小川プラント)の発酵槽(炭化水素系合成ゴム)の容積は20㎥であり、発酵液貯留槽(コンクリート)は100㎥である。原料となる生ごみはミクロン単位まで微粉砕後2倍に希釈し、40日間の中温発酵(35℃)に処する。嫌気発酵により生成されるバイオガス量は9㎥/日であり、熱源として施設の維持管理に活用される。また、発酵液は全量地域内農家で有機液肥として利用される。処理能力は最大600世帯(300kg/日)として

設計されているが、当面300世帯規模（150 kg／日＝55 t／年）での運転を想定している。

建設費は概算で800万円（減価償却費53万円／年）

左側がプラント本体、右側が発酵液貯留槽（雨よけシートがかかっている）

である。その内訳は、発酵槽・貯留槽・ガスバック・粉砕器・ポンプ・ボイラー・配管などを含む主要本体価格として300万円、基礎と建屋として350万円、工事費（人件費）その他150万円である。前処理として不純物を除去するための分別機や、後処理としての発酵液浄化排水施設を付帯していないため、建設コストは安い。また、前後処理工程が省かれたシンプルな設計であるため故障トラブルは少ないと考えられるが、予備費として修繕・改善費も含まれている。なお、必須設備ではないソーラーシステムと将来増設予定の小型コジェネについては建設経費に含めていない。

維持管理費は概算で年間24万円である。小川プラントは、生ごみの排出元分別と発酵液の全量農地利用が前提となっているため、分別・浄化排水両施設が不要であり、したがってそれに付随する作業・薬品・電気・燃料も不要である。作業の人件費は生ごみの投入と発酵液の引き抜きだけであるため年間20万円（1時間×250日×1人×800円）であり、その他プラント制御用の電力と発酵槽補助加温用の灯油が年間5万円、さらに借地代として年間10万円（600 m^2）の支出が見込まれる。一方、生産される発酵液は約110 t／年である。販売価格が1000円／tとすると年間の販売収入は11万円である。以上から、処理経費は年間77万円であり、300世帯（150 kg／日）を対象とする処理単価は1万4000円／tと概算された（表1）。

表1　小川プラントの建設経費と維持管理費

建設経費	主要本体価格	300万円
	基礎・建屋価格	350万円
	工事費・人件費	150万円
	小　　　計	800万円
減価償却費[1]		53万円／年
維持管理費	生ごみ投入・発酵液引き抜き	20万円／年
	電力・加温用燃料	5万円／年
	借地代	10万円／年
	発酵液販売収入	−11万円／年
	小　　　計	24万円／年
処理経費		77万円／年

1) 800万円／15年。

(2) バイオガスプラントの処理経費

　日本に現存するバイオガスプラントを、分別機も浄化槽もあり(A)、分別機か浄化槽あり(B)、分別機も浄化槽もなし(C)の3つのグループに分類。グループごとに実質処理量と処理経費の関係を見たところ、明らかなスケールメリットが示された(図1)。

　一方、同じ処理量における処理経費をグループ間で比較すると、常に(A)＞(B)＞(C)の順である。グループ(A)はスケールメリットを生かしても処理経費は2万円／t程度であるのに対して、グループ(C)ではスケールメリットによって処理経費は1000円／t以下になった。グループ(C)はプラント建設費・維持管理費が安価なだけでなく、発酵液の販売収入(1000円／t)を見込める点が、潜在的な処理経費の削減に貢献している。

　小川プラントはグループ(C)のなかではもっとも規模が小さく、処理経費が高かったが、それでもグループ(A)のもっとも安価なプラントよりも安かった。つまり、小川プラントはスケールメリットで劣るにもかかわらず、もっとも経済性に優れた生ごみ処理用バイオガスプラントであることが明らかとなったのである。

図1 バイオガスプラントの規模と処理経費

処理経費(万円/t)

(A) 分別機も浄化槽もあり
(B) 分別機か浄化槽あり
(C) 分別機も浄化槽もなし

小川プラント

実質処理量(t/日)

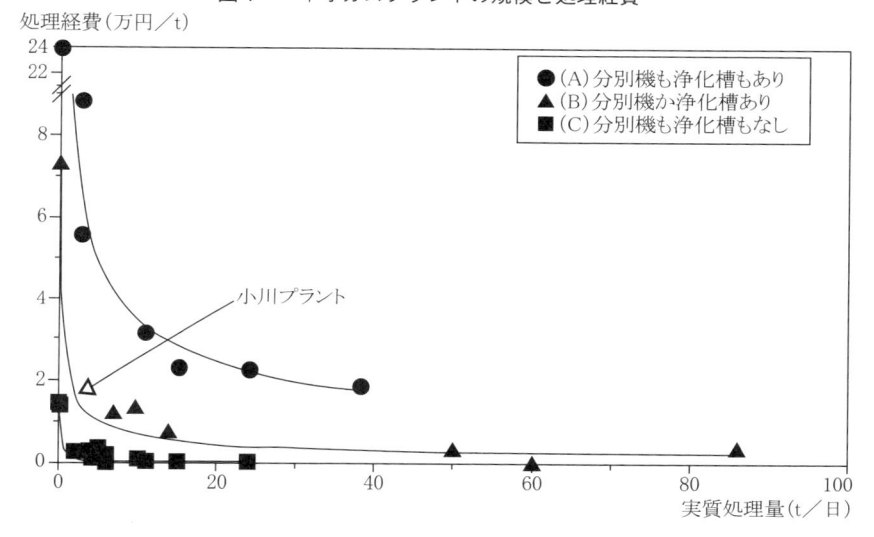

(3) 堆肥プラントの処理経費

　生ごみ用堆肥プラントの処理経費(平均2.5万円/t)は家畜糞尿用(平均4000円/t)に比べて高い傾向にあったが、おもな要因は施設規模によるものと考えられる。また、スケールメリットが認められるのは実質処理量が10t/日までで、それ以上の規模ではスケールメリットは小さい(図2)。

図2 堆肥プラントの規模と処理経費

処理経費(万円/t)

○ 生ごみ
△ 家畜糞尿

実質処理量(t/日)

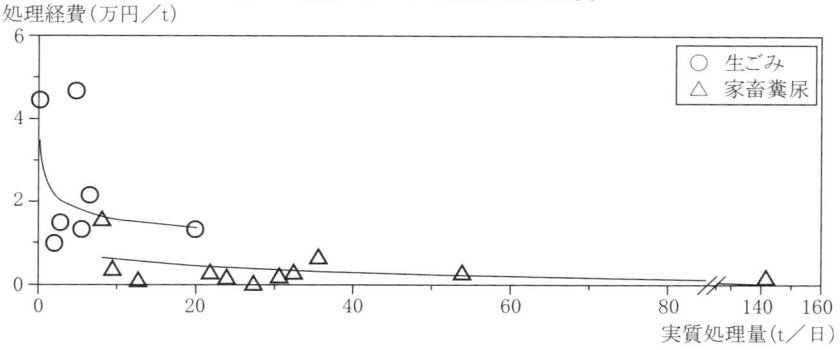

堆肥は全量農地利用が前提となるため、グループ(C)と(B)の一部に対応するが、処理経費としてはほぼグループ(B)に相当した(図1、2)。生ごみの堆肥プラントで、前処理として分別機を、後処理として脱臭装置を備えている場合や、副資材の入手が容易でない場合には処理経費が高くなり、グループ(C)よりも割高になったと考えられる。ただし、詳細については確認できなかった。

(4) 一般廃棄物の焼却処理経費

焼却施設の有効焼却量は平均212t／日、実質焼却量は平均126t／日であった。施設の減価償却費・維持管理費・焼却残渣の埋立費の合計は平均3万4000円／tであり、収集経費を含めた全処理経費の合計は4万8000円／tであった。一般廃棄物全体の処理経費が4万4000円／tであることから[7]、収集したデータは妥当な範囲といえる。実質焼却量ごとに処理経費を整理すると、ばらつきが見られるもののスケールメリットによる処理経費の減少が認められた(図3)。ダイオキシン類対策の一環であるごみ処理の広域化は、処理経費の削減という一面においては効果的であるといえる。

図3 ごみ焼却施設の規模と処理経費

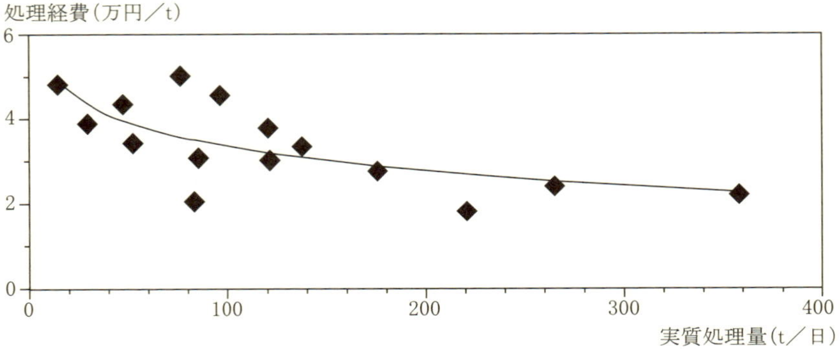

(5) 生ごみの推定収集経費

生ごみの分別収集経費は、自治体における一般廃棄物の収集経費(図4)か

図4 ごみ焼却施設の規模と収集経費

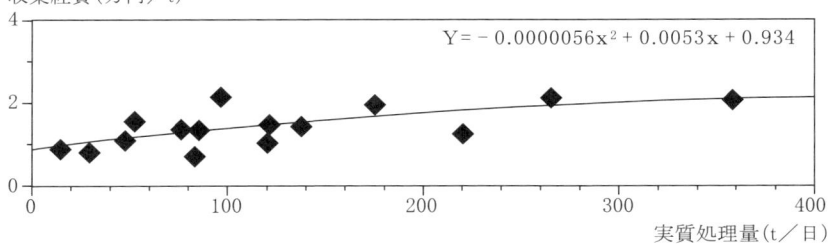

収集経費(万円／t)

$Y = -0.0000056x^2 + 0.0053x + 0.934$

実質処理量(t／日)

ら推定した。施設の実質処理量が大きくなるにしたがって広範囲から生ごみを収集する必要が生じるため、収集経費も増加することが示唆される。しかし、処理規模の増加に伴う収集経費の変動は小さく、1～2万円の範囲であった。小川プラントの推定収集経費は、図4の回帰式から9349円／tである。

(6) 生ごみの収集経費を含む全処理経費

生ごみ用バイオガスプラントと焼却を比較すると、グループ(A)の比較的小規模なプラントは焼却施設よりも処理単価が高かったが、グループ(C)は焼却施設よりも全処理経費は安かった。小川プラントの生ごみの収集経費を含む全処理経費は2万3000円／t(1万4000円＋9000円)で、グループ(C)のプラントのなかではもっとも高い。とはいえ、グループ(A)のもっとも処理経費の安いプラント(3万円)よりもさらに安く、また焼却処理に対する優位性も明らかだった(図5)。

現状のバイオガス化技術では事業性の確保はむずかしいとする見解もあるが[8]、それは本章のグループ(A)の比較的小規模なプラントを基準に評価した結果である。実際には、プラントの規模や設備状況によっては焼却処理よりも安価に処理できることが示唆された。グループ(C)の全処理経費の二次回帰式から、1t／日規模のプラントを建設した場合、全処理経費は1万5000円にまで削減できると試算された。また、処理量が5t／日を超えるプラントの試算では、スケールメリットによる処理単価の減少が収集単価

図5 生ごみをバイオガス化した場合と焼却した場合の推定収集経費を含めた全処理経費

全処理経費（万円／t）

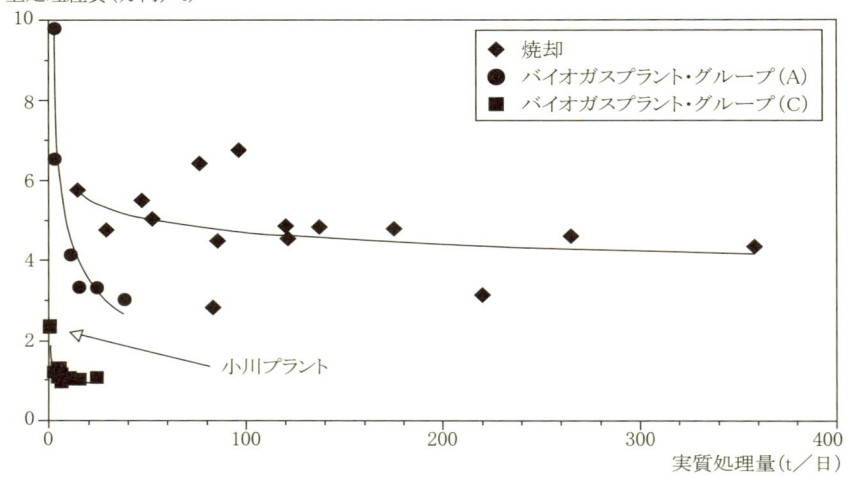

凡例：
◆ 焼却
● バイオガスプラント・グループ(A)
■ バイオガスプラント・グループ(C)

小川プラント

実質処理量(t／日)

の増加に相殺されて、全処理経費の変動はほとんどなくなる（図5）。

3　生ごみ発酵液の有機栽培における利用に関する圃場試験

(1)有機栽培における生ごみ発酵液利用促進の意義

　すでに論じたように、バイオガスプラントによる生ごみリサイクルのコスト低減には発酵液の全量農地利用が必要であり、小川町では発酵液が有機栽培の速効性肥料として有効利用されていた。今後、発酵液の農地利用促進を図るには、有機栽培における発酵液利用に関する科学的知見や利用技術開発に関する基礎研究が必要である。

　私たちは小川町の発酵液を使ってホウレンソウと小松菜を育て、発酵液が化学肥料並みの即効性肥料であること、発酵液施用に伴う重金属や衛生菌リスクは短期的には問題ないことを明らかにした[9]。ただし、その栽培試

験は厳密には有機栽培ではなかった。発酵液はリンの含量が低いので、リン酸肥料(過リン酸石灰)を補ったからである。

そこで、有機栽培の条件において、発酵液を活用してパン用小麦と数種の野菜を育てる二つの試験を行なった。

ひとつは、堆肥のみ、発酵液のみ、そして堆肥と発酵液の併用でキャベツやパン用小麦を有機栽培し、生ごみメタン発酵液で有機栽培が可能かどうかを明らかにする試験である。キャベツを選んだのは、窒素要求性が高くて有機栽培がむずかしいからである[10]。パン用小麦を選んだのは、タンパク含量の向上が有機栽培では容易でないからである[11]。

もうひとつの試験では、野菜育苗段階における発酵液施用技術を開発するために、定植前に発酵液を施用(弁当肥)した苗の定植20〜30日後の生育を調べた。育苗段階を選んだのは、後述するように本畑の施用量に比べてはるかに少ない量で効果が出るのではないかと考えたためである。

(2) パン用小麦と春キャベツの栽培試験

2002〜05年の間、有機栽培(無農薬・無化学肥料)した緑肥を鋤き込んだ試験圃場(福島市)において、パン用小麦(品種ゆきちから)を2005〜06年に、春キャベツ(品種YR青春)を2006年に、それぞれ有機栽培した。土壌は淡色黒ボク土である。

両者を、堆肥のみ、発酵液のみ、そして堆肥元肥＋発酵液追肥で育てた。なお、圃場試験で供試したのは宮城県白石市のバイオガスプラントから得た生ごみ発酵液である。養分濃度が小川町の発酵液より少し高いことを除けば、よく似た肥効を示したので、この発酵液で得た結果は小川町の発酵液にも当てはまると考えた。窒素(N)施用量は、パン用小麦が$10\,\mathrm{g/m^2}$、春キャベツは$25.6\,\mathrm{g/m^2}$である。堆肥のみ区と堆肥元肥＋発酵液追肥区では施用した堆肥Nの30％が1作で有効化し、発酵液のみ区と堆肥元肥＋発酵液追肥区では施用した発酵液Nの100％が有効化すると仮定して、実際の堆肥、発酵液施用量を計算した(表2)。

表2 パン用小麦と春キャベツに対する堆肥と生ごみ
　　メタン発酵液の施用量

		窒素(g/m^2)		現物(kg/m^2 ℓ/m^2)	
		堆肥	発酵液	堆肥	発酵液
パン用小麦	堆肥のみ	33.3	0	1.4	0
	発酵液のみ	0	10	0	3.3
	堆肥元肥 ＋発酵液追肥	13.3	6	0.6	2.0
春キャベツ	堆肥のみ	85.0	0	3.7	0
	発酵液のみ	0	25.6	0	8.5
	堆肥元肥 ＋発酵液追肥	38.3	13.8	1.7	4.6

栽培結果は、パン用小麦の収量が465〜514 g／m^2、タンパク含量は14.1〜14.8％の範囲であった(表3)。パン用小麦のタンパク含量は12％以上が望ましいとされており、どの区でも問題なかった。

春キャベツの個体重は1kgかそれ以上で、堆肥元肥＋発酵液追肥区がもっとも重く、発酵液のみ区と堆肥のみ区はほぼ同じであった(表3)。青虫(モンシロチョウ幼虫)による食害は認められ、2回手で捕殺したが、内側の葉には食害はあまり認められなかった。雑草発生はきわめて少なかった。

以上の結果から、発酵液だけで、あるいは発酵液を追肥として、キャベツやパン用小麦を有機栽培できることが実証された。

表3　発酵液で育てた有機栽培のパン用小麦と春キャベツの収量など

処理区	パン用小麦			春キャベツ		
	収量 (g/m^2)	タンパク含量 (％)	雑草乾物重 (g/m^2)	個体重 (g/個体)	食害程度	雑草乾物重 (g/m^2)
発酵液のみ	514	14.8	1.3	1020 b	2.4	1.6 b
堆肥のみ	465	14.1	5.1	1077 b	2.3	5.2 s
堆肥元肥＋ 発酵液追肥	505	14.2	4.5	1263 a	2.2	7.1 a

(注1)数字の後ろにa、bがついている場合、aとbのついている数字の間で統計的に有意差あり。アルファベットがついていない数字の間には有意差なし。
(注2)食害程度は、収穫個体を対象に0(まったく食害なし)から4(中まで食害あり)で評価した。
(注3)収量は水分12.5％である。

(3) 野菜苗における弁当肥効果

2005年に雑穀を緑肥として鋤き込んだ有機栽培へ転換中の試験圃場(福島市)において、06年に堆肥鋤き込み後、16穴のセルを使ってボカシで育苗した苗を定植し、20〜30日後の生育を調査した。土壌は淡色黒ボク土である。供試したのは春キャベツ(品種YR青春)、スイートコーン(品種キャンベラ90)、ナス(品種千両2号)、キュウリ(品種夏すずみ)、ツルムラサキ(品種名なし)、枝豆(品種福成)である。

弁当肥として、生ごみメタン発酵液(0.3% N)とトウモロコシでんぷん残渣液(3% N；商品名ネイチャーエイド、以下CSL)を、ナスとキュウリでは16穴のセルあたり1 gN、2 gN、3 gN相当量、春キャベツ、スイートコーン、ツルムラサキ、枝豆では0.5 g N、1.0 gN、1.5 g N相当量、それぞれ施用した。なお、CSLは有機栽培で利用可能な市販されている液肥である。10倍に希釈して、発酵液は原液のまま、対照区(OgN)では水のみを定植2日前〜当日に苗に施用した。

スイートコーンの1.5 g N発酵液区、キュウリの2 g N発酵液区と2 NCSL区を除き、すべての弁当肥施用区で対照区(定植前に水のみ施用)を生重で上回った。生育促進効果は、ナスで最大110%、スイートコーンとキュウリで最大60%、春キャベツで最大40%、ツルムラサキで最大30%である。2つの液肥を比較すると、キャベツ、ツルムラサキ、キュウリでは差がなかったが、スイートコーンではCSL、ナスでは生ごみメタン発酵液の効果がより大きかった(図6)。一方、枝豆では弁当肥の効果は認められていない(データは省略)。

以上の結果から、生ごみメタン発酵液を定植直前に施用する弁当肥は野菜定植後の生育促進にたいへん有効であることが明らかとなった。

図6 5種の野菜苗の定植20〜30日後の生重に対する生ごみメタン発酵液とトウモロコシでんぷん残渣液（CSL）の弁当肥としての効果

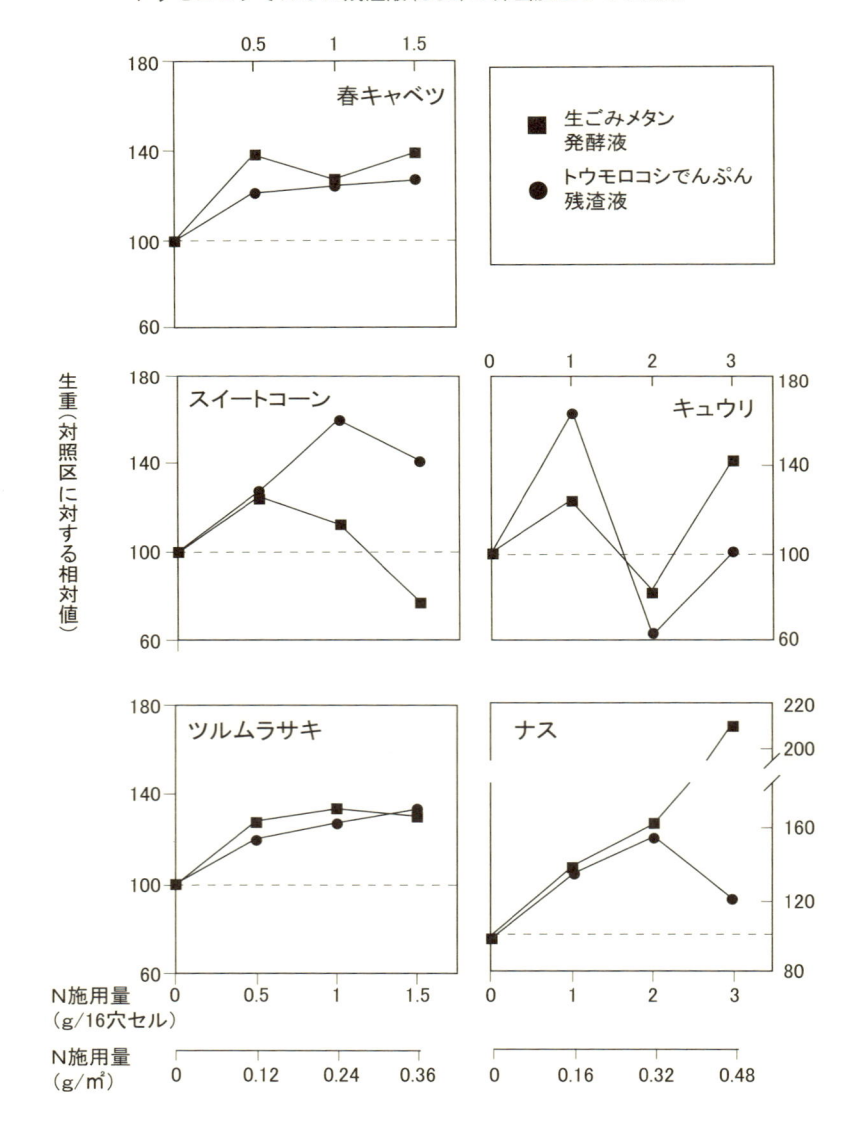

4　有機栽培における発酵液の利用技術

　円滑かつ安価に生ごみリサイクルを推進するためには、これまで述べてきたように、①生ごみの排出元分別と、②生産物（発酵液）の全量農地利用の徹底がもっとも重要である。さらに、「循環型社会」の美名のもとに農地を都市ごみの捨て場にしないことである[12]。この点においても、小規模分散型プラントは生ごみからメタン発酵液を地場生産して地場の農地で利用するから、望ましいといえる。

　発酵液はアンモニア態窒素とカリウムを主成分とする即効性の液肥である。ただし、養分濃度は0.3％以下と薄く[13]、発酵液だけで春キャベツとパン用小麦を育てるのには8.5ℓ/m^2と3.3ℓ/m^2もの施用が必要であった（56ページ表2）。これは、10aあたりにすると8.5tと3.3tにも相当する量である。したがって、発酵液を本試験のように潤沢に使って有機栽培を行うことができるのは、バイオガスプラントごく周辺の農地で、しかも発酵液の利用量に制約がない場合に限られよう。さらに、小麦のような土地利用型作物では、機械による散布も実用上必須である[14]。以上から、全量発酵液で有機栽培する場面は実用上の制約からごく限られているといえよう。

　これに比べて小川町の農家が行なっているように、野菜などの追肥として発酵液を利用するほうがずっと現実的である。本試験でいえば、春キャベツに追肥として発酵液を施用した試験区に相当する。さらに施用量が少ない点で、発酵液の弁当肥はきわめて実用的である。施用量はわずか40～160mℓ/m^2で、10aあたりに換算して40～160ℓにすぎない。これは20ℓポリタンク10個以下で十分な計算となり、小規模農家やバイオガスプラントから離れた農家でもすぐに導入が可能な技術である。実際、すでに小川町の有機栽培農家に普及しつつある。

　一方、全量発酵液による栽培に意義がある場面もある。たとえば、環境

教育の一環として、生ごみ発酵液で有機栽培を学生や一般市民に実践してもらうケースである。学生や一般市民が生ごみを原料として有機栽培で野菜を育てられるとしたら、とても新鮮に感じるであろう。

5　小規模分散型バイオガスプラントの可能性と課題

(1)小川プラントの優位性と地域通貨の意義

　排出元における分別には、参加住民の協力が不可欠である。参加住民に十分な説明と呼びかけを行うことが出発点になるが、最初から大多数の支持を得ることは通常、容易でない。

　住民の十分な合意のないまま大規模プラントを建設するよりは、小規模プラント(すなわち小川プラント)を建設して前述の①と②の両者を満たす範囲で着手するほうが、円滑な生ごみリサイクルを行うためには有利といえる。その後、協力住民と利用農家数の増加に合わせて 2 機目以降のプラントを分散配置すれば、両者に関する不確定要素と生ごみの輸送費を最小限に抑えながら、生ごみリサイクルの拡大を図ることが可能となる。このように状況の変化に合わせて段階的に生ごみリサイクルを推進できる点は、小川プラントの大きな利点である。

　生ごみの排出元分別には、手間がかかる、分別のためのスペース確保、汚物感(悪臭)などの新たな負担が生じる。そのため、分別作業をボランティア精神に委ねるだけでは、十分な協力を得るのがむずかしい。一方、分別作業の対価を支払うことができれば分別意欲の向上に貢献する。実際、小川プラントにおける生ごみ全処理経費は焼却処理の約半額である。そこで小川町では、その差額の一部を年間 3000 円程度のクーポン券(一種の地域通貨)として分別協力世帯に還元している[15]。年間 3000 円という金額が継続的な生ごみ分別協力への対価として十分かどうかについては今後の検証を要

するものの、生ごみ排出者の分別を促す動機の一つとなっていることは確かであろう。

　一方、分別意欲を維持するために一定金額の支出が不可欠であるとするならば、その支出は生ごみ全処理経費の追加経費となることに注意する必要がある。仮に差額の全額を分別協力世帯に還元する必要がある場合は、小川プラントと従来の焼却で全処理経費は同額となり、小川プラントの優位性は有機物の有効利用、焼却施設の効率化、焼却に付随する汚染の防止など間接的な効果にとどまる。実際に差額分のどの程度を分別協力世帯に還元するか、間接的な効果をどのように評価するかについては、今後の課題といえる。

(2) ごみ収集形態の見直しと小川方式の面的拡大

　ごみ処理体系全体から見ると、燃やすごみのなかから生ごみを分別収集することは、短絡的には収集頻度が2倍になり、収集経費も2倍になることを意味する。したがって、ごみ収集形態そのものを見直さなければ収集経費の増加は避けられない。

　たとえば、分別生ごみの収集は他の資源ごみと同じ日に一台の車で収集し、全体としての収集頻度を下げることを検討できる。また、生ごみの収集頻度は最低でも週2回必要と考えられるが、生ごみを取り除いた燃やすごみは量が減るだけでなく保存性が向上(悪臭・汚物感が低下)するため、収集頻度を週1回以下にすることも検討できる。分別に協力的でない世帯には生ごみを燃やすごみとして出すことを認めるとしても、燃やすごみの収集頻度が少なくなると量と質の両面で燃やすごみの保存性に問題が生じるため、生ごみを分別して早めに処分したいという心理が働く可能性もある。生ごみの分別収集に合わせて既存のごみ収集形態を見直し、効率よく収集する仕組みを工夫するとともに、分別に協力しやすい(誘導されやすい)環境を整えることが重要である。

(3) 生ごみリサイクルと地域経済の活性化

　小川プラントは、小規模であるだけでなく地場産であるという特徴をもつ。プラントの建設と運用にあたっては、可能なかぎり地元の資材と人材を活用し、地域内で完結させるという姿勢が前面に出ている。実際、小川プラントの建設にあたっては支出の 70% が地域内からの調達であることが確認できた (表4)。これは建設資金の大部分が地域外に流出せずに地域内に還元されたことを意味し、地域経済の活性化につながるものと期待できる。

　一方、表4の(A)-1〜3のように大手企業に建設から運用までを依存した場合、支出のほとんどは地域外に流出し、地域経済の活性化には結びつかない。表4では建設費の 5% を地元企業が受注すると仮定したが(たとえば基礎工事の一部分担、施設の装飾や環境整備)、この数字が多少増えたとしても、億単位の多額の資金が地域外に流出する点は変わらない。生ごみの有効利用そのものだけでなく、地域経済までを考えたとき、小川プラントの優位性はより高く評価されるべきであろう。

表4　バイオガスプラント建設に伴う地元資金の流出

	処理能力 (t／日)	建設費 (100万円)	国庫補助 (100万円)	地元負担 (100万円)	地元還元率[1] (%)	地元資金流出額 (100万円)
小川プラント	0.3	8.0	0	8.0	70	2.4
(A)-1 プラント[2]	3.0	509	229	280	5	266
(A)-2 プラント[2]	24.4	1,500	750	750	5	713
(A)-3 プラント[2]	55.0	1,723	297	1,426	5	1,355

1) 地元還元率とは、プラント建設資金のうち地元業者が受注した率。小川プラント以外は 5% と仮定。
2) (A)-1〜3 は、大手企業が建設・運用しているグループ(A)の代表的なバイオガスプラント。

(4) 小規模プラントの多面的な価値

　小川プラントは小規模なバイオガスプラントでありながら、大規模プラントと同等あるいはそれ以上の経済性を伴うことが明らかとなった。また、

既存の焼却施設に比べても処理経費が安く、生ごみリサイクルの優位性が認められた。さらに、生ごみ分別協力住民と発酵液利用農家の参加状況に合わせて増設できる利点や、地元の資源と人材を生かしてプラントの建設で地域経済の活性化を期待できるなど、多面的な価値を有していると評価できる。

　小川プラントはきわめて先進的な取り組みとして期待されるが、現時点での生ごみ分別協力世帯は5％にすぎない。今後のプラント増設に伴い、自主的に生ごみの分別と発酵液利用に協力したくなる仕組みづくりをどのように展開し、発展させていくかが、今後の課題である。

1) 環境省「第1章廃棄物等の発生、循環的な利用及び処分の状況」『平成18年度版循環型社会白書』2006年。
2) 藤倉まなみ「一般廃棄物のバイオガス化を選択した北海道中北空知ブロック3地区の取組み」『資源環境対策』第40巻第2号、2004年、47～52ページ。
3) 新エネルギー・産業技術総合開発機構『バイオマスエネルギー導入ガイドブック』新エネルギー・産業技術総合開発機構、2002年、253～266ページ。新エネルギー・産業技術総合開発機構『バイオマスエネルギー導入ガイドブック(第2版)』新エネルギー・産業技術総合開発機構、2005年、251～258ページ。
4) 桑原衛「地場産バイオガス技術を活用したまちづくり」日本有機農業学会編『有機農業研究年報Vol.3 有機農業——岐路に立つ食の安全政策』コモンズ、2003年、102～107ページ。
5) Furukawa, Y. and Hasegawa, H., " Response of spinach and komatsuna to biogas effluent made from source-separated kitchen garbage", *Journal of Environmental Quality,* Vol.35, No.5, 2006, pp.1939-1947.
6) なお、生ごみ処理経費と算出方法については、古川勇一郎・長谷川浩「バイオガスプラントによる生ごみリサイクルの経済性評価」日本有機農業学会編『有機農業研究Vol.6 いのち育む有機農業』コモンズ、2006年、153～166ページ。
7) 環境省『一般廃棄物処理実態調査結果』2003年。
8) 前掲3)『バイオマスエネルギー導入ガイドブック(第2版)』。
9) 前掲5)。大腸菌群(糞便汚染の指標となる一群の菌の総称)、大腸菌(Escherichia coli)、腸球菌(大腸菌群同様に、汚染指標として食品衛生基準に用いられる)、腸炎ビブリオ菌(Vibrio parahaemolyticus)を使って、衛生菌リスクを評価したのである。

10) 金子美登『金子さんちの有機家庭菜園』家の光協会、2003年、80〜83ページ。
11) Lampkin, N., *Organic farming,* Farming Press, 1990, p. 467.
12) 中島紀一「立ちどまって考えてみたい『循環型社会』論議」『農業と経済』2002年7月号、43〜49ページ。
13) 前掲5)。
14) 澤村篤・住田憲俊・井上秀彦・長谷川浩「アップカットロータリを用いたメタン発酵消化液の施用技術」『日本農作業学会2007(平成19)年度春季大会』第42巻(別号1)、2007年、79〜80ページ。
15) 前掲4)。

第❹章 有機農業における技能的技術の役割と意義
―BMW 技術を応用するミニトマト農家を事例として―

外園信吾・大原興太郎

1 課題と方法

(1)有機農業技術の課題

　2006 年 12 月に施行された「有機農業の推進に関する法律」では、化学的に合成された農薬や肥料および遺伝子組み換え技術を使用しない有機農業技術の開発や普及がめざされ、そのための推進体制の整備が求められている。この種の技術では、これまで 1999 年に施行された「持続性の高い農業生産方式の導入の促進に関する法律」のもとで、①土づくりに関する技術、②化学肥料低減技術、③化学農薬低減技術として、土壌改良剤、化学肥料、農薬などに置き換わる技術が推奨されてきた[1]。しかし、これら①～③に取り組む農業者に対して都道府県単位で認定を受けたエコファーマーは 15 万 4695 件(07 年 9 月)と全販売農家数の 10% 以下であり、さらに有機 JAS の認定を取得した農家は 5629 件[2](08 年 2 月)と 0.5% 以下にとどまる。

　有機農業への取り組みがなかなか増えない要因のひとつとして、農産物に安全性より安さや見栄えを求める消費者がいまだに多く、需要が増えていないことがあげられる。また、梶井功が述べるように「環境保全型であり安全な食料を生産する農法は、効率性追求とは矛盾することがしばしばある――というよりは、現状では矛盾することのほうが一般的である」[3]。

しかし、農林水産省の調査では、環境保全型農業の経営状況を慣行栽培と比較すると、10aあたり販売量は慣行栽培に比べて10％下回るものの、1kgあたり販売価格が16％上回ることから、10aあたり所得では8％上回るという結果が出ている[4]。つまり、実際に取り組んでいる農業者たちはある程度の経営の成果をあげつつあるといえる。

　とはいえ、現行の技術普及の体制・サービスの多くが近代技術を前提としていることもあり、有機農業などを実践している者たちの技術や経営のノウハウが一般の農業者たちに十分に伝わっているとはいえない。いわゆる農法転換のリスクが際立ってしまっていると思われる。とくに、有機農業技術は資材や機械などのモノに依存しがちな要素技術の積み上げのみによる実現がむずかしい。さらに、地域性や個別性が強く、多様なものとならざるをえない。これは、一昔前のいわゆる「篤農家」と言われるような人びとのもつ優れた技術や技能に依存する部分が多分にあるからだと思われる。

　そこで本章では、経営的に成り立ちうる有機農業技術の解明に向けて、先進的な有機農業実践者における技術の成り立ちからその経営成果、意識までを明らかにする。統計データなどでは捕捉されにくい技能的技術の実態を把握し、分析することによって、経営や農業者に関する示唆を得られると思われるからである[5]。

(2) 方法としての個別事例研究

　菱沼達也は「技術は研究者がつくって農家に採用させるという一方的なものでなく、農民自身にこれを作る力がある」[6]としているが、これは科学技術が発達した現在でも当てはまる。祖田修も「日本農業の新しいあり方は、生産現場の悩みを汲み上げ、試験研究機関が独自に技術開発を行うことはもちろんであるが、同時に日本の各地で農業者自身が行っている先駆的試みの中から、学び取り、育成していくことである」[7]という。大原興太郎も研究の蓄積が十分でない比較的新しい分野では実態調査が有効であり、

「調査主体をできるかぎり農民に近い位置に置き、それをもう一度突き放して考えてみることが必要だと思われる」[8]と述べている。

また、有機農業という十分な確立がなされていない分野では多様な取り組みが認められるものの、本来的に先駆的取り組みは自ずとその数が限定される。そのため、研究者は有象無象の取り組みのなかから優良な個別事例を厳選し、直接現場に行っての聞き取りや現場観察からさまざまな情報を収集するなど、深く詳細な調査・分析が必要である。ただし、個々の農業者の環境や条件は異なるので、個別事例研究を単なる事例紹介やルポに終わらせないためにも、研究者は一般化する際の意味や条件の限定および客観性の担保を十分に行う必要がある[9]。

ブリンクマンや渡辺兵力が述べるように、農業経営が農業者の「個人的事情」に左右されることは否めない[10]。しかし、うまくいっている個別事例の技術や経営を他から学びとる姿勢にある農業者たちに少しでも広めていくためには、その内容を客観的な形で示す必要がある。このような観点から、本章では有機農業を実践する優れた農業経営事例として、BMW技術を駆使して高品質・高収量のミニトマトを栽培する「篤農家」に焦点を当てる。

2 技能的技術とBMW技術の概要

(1) 農業における技能的技術の位置づけ

農業技術において技能的技術、手段使用的技術、組織的技術の3つの相が見出せることを述べた柏祐賢は、「農業技術は、生長繁茂する生命体の取り扱いの労働技術を主態としており、そこにまた技能的技術の特色も存している」とした[11]。渡辺も「技術には、いわゆる科学的技術と経験によってつちかわれた技能的技術とがある」とし、農業経営者の能力を左右する要

素として技能的技術をあげている[12]。また、御園喜博は農業技術に関して、「いわゆる『技能的技術』を有機的に組み入れなければならない」ことを強調し、こう述べる。

「後者(労働力・労働手段・労働対象)の組み合せを表面的に把握するだけでは、農業技術の内容はとらえられない。後者の内容的・質的深化として前者(技能)を理解してこそ、『農業技術』の正しい把握が可能になるであろう」(カッコ内は引用者)[13]

このように農業において技能的技術が注目されるのは、農業生産が「有機的生命体の獲得をめぐる目的的な秩序体系」であり、かつこれが「生物界的自然の法則的な秩序体系、ことに生命力展開の秩序体系の上に展開される」[14]ことに関係があると思われる。アダム・スミスは農業に関して「美術や知的職業と呼ばれるものについて、これほど多様な知識と経験を必要とする職業はおそらくない」[15]としたが、「その源泉は、農業が有機的生命体を扱うことにある」[16]。

もちろん技能的技術はもともと原始的な技術であり、柏も農業技術の3つの相のなかでもっとも初期に重要な役割を演じるものとしている[17]。だが、即効性の高い農薬や化学肥料などの資材の使用を抑えようとすれば農業が有機的生命体を扱うという側面が強くなり、あらためて技能的技術の意義に注目せざるをえない。有機農業技術においては、とくに「農業者による田畑と作物・家畜と自然環境のたゆまぬ対話の中から技術が編み出されていく」[18]いう視点に立って、宇根豊の土台技術など[19]も含む、マニュアル化が困難で経験や直観力に左右される技能的技術の見直しが必要になると思われる。

渡植彦太郎が述べるように「技能はその生産過程で、生産者を創造的にし、かつ、その人間性を高める」[20]。これは技能的技術を導入するにあたって創意工夫が必要であることの裏返しであり、その相互作用によってより高い次元の農業生産がなされるともいえる。すなわち、技能的技術は容易に移転可能な技術ではなく、農業者自身が身につける能力として評価され

るべきであると思われる。

(2) BMW 技術の概要と特性[21]

　BMW 技術はもともと排水処理技術としていくつもの実績をおさめていた、内水護の活性汚泥法の改良から始まったもので[22]、自然の河川がもつ水の浄化作用に倣って、そのような環境を意図的につくり出そうとする技術である。BMW という言葉は「バクテリアの働きでミネラルバランスに優れた生き物にいい水をつくる」という意味で、バクテリア、ミネラル、ウォーターの頭文字から名づけられた[23]。

　BMW 技術には表1の導入実績に見られるようなさまざまな適用分野がある。とくに、このうち家畜糞尿や堆肥などを原料につくられる「生物活性水」には放線菌やミネラルが多く含まれるとされており[24]、種子浸漬、土壌灌注[25]、葉面散布、ボカシ肥づくり、堆肥の発酵促進など、農業の分野で幅広く利用されている。

　このように BMW 技術は微生物の働きを活用する農業技術または循環技術といえるが、EM 農法や島本微生物農法の資材に見られるような特定の菌を必要としない点に特徴がある。1991年に設立された BM 技術協会の会長として BMW 技術の開発や普及に長年たずさわってきた長崎浩は、「物の技術とは違う生き物がらみの技術」として、BMW 技術が未解明の生態系を相手にする点を強調している[26]。つまり、地域や土地ごとに存在する自然の微生物相をまるごと相手にする技術であり、そのため「複雑な自然と生命に対峙する実行者である農民の観察力や判断力が要請される」[27]。

表1　国内の BMW プラント導入実績
　　　（2007年3月）

適用分野	導入数
生物活性水	79
飲み水改善	73
簡易尿処理	18
排水処理（食品・尿）	17
中水利用	8
計	195

(注1) ほかに、海外にも韓国63、タイ4、中国1、フィリピン1のプラント導入の実績がある。
(注2) 中水は、水洗便所などに用いる水や、工場での雑用水（たとえば散水とか清掃用水）などで、上水（水道水）ほどの水質を必要としないような目的で使用される水（『水の百科事典』丸善、1997年、505ページ）。
(出典) BM 技術協会への聞き取りをもとに作成。

BM技術協会にはBMW技術を勉強していた全国の多数の農家たちが参加している。2008年3月現在、374(法人会員94、プラント会員63、個人会員189、アクア購読会員28)の会員が存在する[28]。年1回開催される「BMW技術全国交流会」では、全国から250～300名が集まってそれぞれの技術の成果や課題について発表し、意見交換を行う。BMW技術では「制作者が装置とノウハウを完成し、マニュアルとともに使用者に与えるという関係はとられていない。使用者農民自身がこれを研究して改良を加え、自分の現場に合った自分の技術にすることが前提にされている」[29]。このようにBMW技術では、農業者に多くを依存する、定型化されていない技術を重視した農業技術の発展・普及がめざされているのである。

3 調査対象事例の概要

(1)農業経営の概要

山形県東置賜郡川西町の松田鐵美氏(かねよし)(1930年生まれ)は妻と2人で専業農家を営み、技能的技術を発揮している優良な農業経営事例として評価されている[30]。会社を興したり、タクシーや幼稚園のバスの運転手をしたりと多様な仕事を経験しながら、兼業で農業を営んできた。

現在の経営面積は水田が150a、ビニールハウスが8棟11a、露地畑(自給用)が10aである。水田では紙マルチによる除草剤を使用しない有機栽培を行なっており、ビニールハウスでは図1の栽培スケジュールのとおり、現在はミニトマトとホウレンソウ2作を組み合わせている。これらの販売作物はすべて有機JAS認定を取得した。なお、ミニトマトの品種はタキイ種苗(株)の「千果」で、全国的に扱われている一般的なものである。

労働力は夫婦2人のみで、松田氏は1992年に兼業労働をリタイアして以来、農業のみに従事する。

図1 各作物の栽培スケジュール

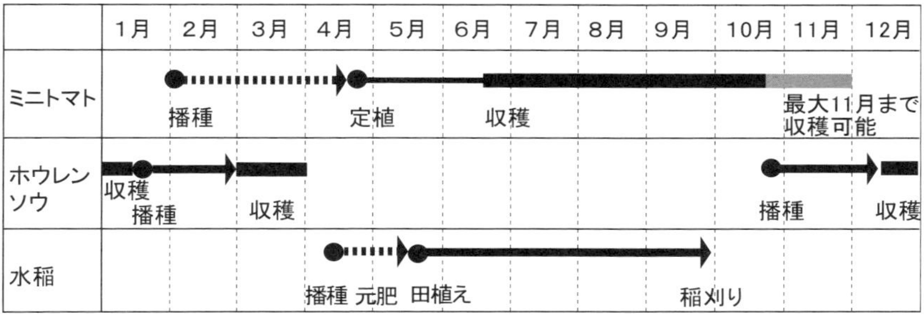

	1月	2月	3月	4月	5月	6月	7月	8月	9月	10月	11月	12月
ミニトマト		播種		定植		収穫					最大11月まで収穫可能	
ホウレンソウ	収穫 播種		収穫							播種		収穫
水稲					播種 元肥 田植え				稲刈り			

(出典)2003年7月および05年9月の松田氏への聞き取りをもとに作成。

(2)農業技術の変遷

　松田氏は兼業時代から農業に関する多様な経験を培ってきた。当初は、搾乳牛を飼養しながら水稲を栽培するという当時では一般的な複合経営を行なっていたが、1967年に牛を手放し、水稲栽培に専念する。その後、68年に米の1 t 穫り(16俵強)を実現するなど、若いころからの農業技術の高さをうかがわせる。ハウスによる野菜の栽培は70年から始め、当初は慣行農家と同様に農薬や化学肥料を使っていた。また、肥料メーカーの試験田を提供するなど、肥料技術に関する経験をもつ機会もあった。このような多様な農業遍歴には創意工夫欲や探究心の高さがうかがえ、それらが高い農業技術ひいては技能的技術の背景にある。

　慣行農業から転換したのは、キュウリの減化学肥料栽培を始めた85年ごろである。松田氏はもともと、収入が不安定なために農業経営自体にあまり気が進まなかった。しかし、減化学肥料(化学肥料：有機肥料＝1：1)でキュウリをつくったところ、5 kg 4500～5000円の高値で売れ[31]、農業もうまくやれば高収入を得られることを知る。これをきっかけに、化学肥料でなくボカシ肥を使い、肥料に独自の工夫を加えていく。

　また、当初は高い収量をめざして農薬を使用していたが、稲の倒伏軽減剤を使用したころから農薬アレルギーになり、その後化学物質に極端に過

敏になった。その結果、農薬を使用せずに農作物を栽培する方法を模索し出す。

ミニトマトの栽培を始めた90年ごろ、高価な農作物を出荷する松田氏の技術に関心をもった米沢郷牧場[32]とのつきあいが始まる。当時は米沢郷牧場がBMW技術を導入し始めた時期で、松田氏は生物活性水をもらって実験的に使用するようになる。やがて専業化し、BMW技術を積極的に農業経営に取り入れ、使用する岩石や溶かし込む材料に独自の工夫を加えていく。このような取り組みをとおして、松田氏はしだいに米沢郷牧場の組合員のなかでBMW技術に関するリーダー的存在となった。2003年以降は米沢郷牧場とのつきあいは途絶えているが[33]、現在もBMW技術を活かした農業経営を独自に展開している。

4 松田氏の技術の仕組みと特徴

(1) 自家製ボカシ肥づくり

生物活性水をつくるためには、通常その原料として家畜糞尿などから得た液肥もしくは堆肥が必要である。松田氏は原料として、これらの代わりに自家製ボカシ肥を使用する。表2に、松田氏が長年の試行錯誤の結果到達した自家製ボカシ肥の原料とその配分量を示した。

表2 自家製ボカシ肥の原料

原料	量	単価
米ぬか	100 kg	210円／15 kg
菜種粕	100 kg	600円／20 kg
魚粕	70〜80 kg	2,000〜2,100円／20 kg
カニ殻	60 kg	2,100円／20 kg

(出典) 2003年7月の松田氏への聞き取りをもとに作成。

松田氏によれば、同様のものを有機質肥料として購入すれば15 kgあたり約2000円するのに対して、自分でつくれば原料費は1000円以下ですみ、現金支出の削減になっているという。これらの原料を混ぜ合わせた後、

図2　生物活性水の製造システム

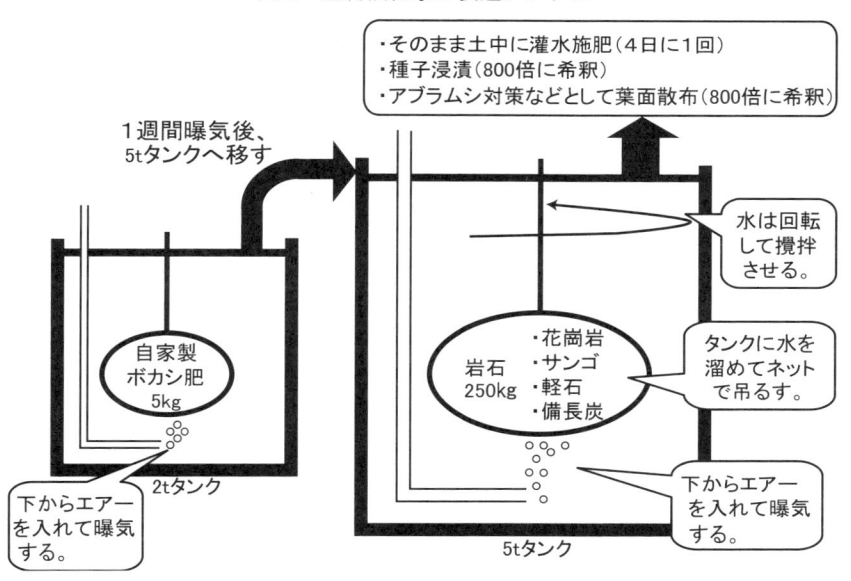

- そのまま土中に灌水施肥（4日に1回）
- 種子浸漬（800倍に希釈）
- アブラムシ対策などとして葉面散布（800倍に希釈）

1週間曝気後、5tタンクへ移す

自家製ボカシ肥 5kg

岩石 250kg
- 花崗岩
- サンゴ
- 軽石
- 備長炭

水は回転して撹拌させる。

タンクに水を溜めてネットで吊るす。

下からエアーを入れて曝気する。

2tタンク　　5tタンク

下からエアーを入れて曝気する。

（出典）2003年7月の現場調査と松田氏への聞き取りをもとに作成。

温度が約50℃に保たれるように2日に1回のペースで20日間切り返すと、約300kgのボカシ肥ができる。松田氏は年に4〜5回このボカシ肥をつくり、ミニトマトでは約10aに対して①基肥としてそのまま300kg投入し、②生物活性水作成に200kg使用する[34]。

（2）生物活性水製造システムの仕組み

松田氏のBMW技術を応用した生物活性水の製造では、図2に示すように、2tと5tの大きさの異なる2つのタンクを使用する。それぞれのタンクではBMW技術の基本的な仕組みが応用されており、水を溜めたタンクに吊るした岩石やボカシ肥の下からエアーを送る（曝気する）ことで、微生物による分解を促進させている。

2tタンクには水500ℓに自家製ボカシ肥5kgがネットで吊るされ、1週間曝気して得られた液を5tタンクへ移す。5tタンクでは同様に岩石250

kgを吊るして曝気し、ここで得られた生物活性水を4日に1回程度の頻度で、ハウスの土中に埋め込んだパイプで点滴灌水施肥法により土壌灌注する。なお、この生物活性水は一般的な活用法として生育不良のトマトへの直接の葉面散布、およびホウレンソウ栽培や水稲育苗時の灌水にも使用する。

BMW技術では一般に岩石としてその地域にある花崗岩(御影石)と安山岩(軽石)が利用されることが多い[35]が、松田氏は独自にサンゴ(長崎県島原市の知り合いから、海岸に打ち上げられたものを送ってもらう)と備長炭(ホームセンターで購入)を加える[36]。

(3) 生物活性水に補助的に加えるもの

松田氏は生物活性水の効果を高めるために、ボカシ肥や岩石以外にさまざまなものを補助的に溶かし込む。おもなものは、①露地畑で栽培したステビアを煮出した液(実に固さを出し、割れにくく、歯ごたえをよくするため)、②リンゴ酢・黒砂糖・35℃の焼酎でつくったストチュー(甘みを増し、テリをよくするため)、③木酢液につけた青魚(テリをよくし、節間を短くするため)の3つがある。

そのほか、後述する自家製食品などから得た柿酢やブドウ酢(葉の厚さを保ち、節間を短くするため)、愛知県の桃農家から教えてもらった黒酢(花をうまく実どまりさせるため)、有機栽培で使用可能な資材であるシリカ21(色つやをよくするため)、ハーブなどを工夫して使用する[37]。

(4) 技能的技術が支える農業技術

こうした補助的に加えるものの多くは、個々には『現代農業』などの雑誌ですでに取り上げられており、松田氏が自ら考え出したものではない。松田氏の優れている点は、あくまで主体的にこれらの技術を活用しているところにある。つまり、どの技術が自らの経営にとって有効であるかを試行錯誤的に判断し、作物の状態を観察しながら適宜カスタマイズして(つくりかえて)利用するところに、特有の技能的技術が発揮されているのである。

また、松田氏はヨーグルト、どぶろく、納豆、柿酢、ワイン、ブドウ酢、ミントのスープといった発酵食品やハーブなどの趣味的な食品加工の工夫にも熱心で、趣味で培われた技術が農業技術の向上に貢献してきた。ボカシ肥作成では、当初自分で培養した乳酸菌(ヨーグルト)、酵母菌(どぶろく)、納豆菌(納豆)などが添加され[38]、生物活性水には前述のとおり柿酢、ブドウ酢、ハーブが加えられている。

　さらに、松田氏の技術が活かされるのはボカシ肥や生物活性水だけにとどまらない。夏期の夕刻に畑に散水したり、春先にハウスでストーブを焚くことで夜の温度を調節したり、エアガンで土の通気性を向上させたり、ハウス内に大量の炭を置いて空気中の化学物質を吸着させたりと、農業技術を支える詳細な項目は多岐にわたる。松田氏は日ごろから作物や土の状態について通常では見逃してしまうような細かい点まで、色やにおい、手触りなどの五感を通じた観察を行なっており、これらが農作物の生命機能を最大限に引き出す技術のベースにある。

　このように松田氏の農業技術には技能的技術に位置づけられる部分が基本にある。松田氏の一番弟子であった山形県米沢市の坂野忠彦氏はBMW技術を導入してからよい成果をあげているが、さすがに松田氏並みの高品質のミニトマトをつくるまでには到達していない。これは、松田氏の農業技術のなかで、個人の資質に左右されやすい技能的技術が重要な位置を占めており、それが職人技的な技術ゆえに容易に真似できないことを表している。

5　技能的技術による効果

(1)品質・収量への効果

　松田氏は以上のような技能的技術の発揮によって、病害虫や連作障害に

悩まされることなくミニトマトの無農薬・無化学肥料による有機栽培を実現させただけでなく、品質や収量の向上にもつなげてきた。

品質面に関しては非常に甘く、2003年7月の調査では糖度が8～12度で、平均が9.3と高かった（日照時間などで変わる）[39]。なお、前述の坂野氏への同時期の調査では糖度の平均は7.6で、松田氏に及んでいない[40]。また、松田氏のミニトマトは鮮やかな赤色で、テリがあって見た目もよい。果肉がしっかりしていて、一般のものに比べて比重が高く、水に沈む。さらに、花弁が大きく反り返って花が咲くため、受粉のためのハチやホルモン剤が不要となるという。

収量については、松田氏によれば、一般の山形県のミニトマト農家と比較した特徴は次のようになるという。定植密度は一般農家が坪あたり7～8本に対して、5本と少ない。しかし、通常は実がつき始める時期（第一果房）が8枚目からであるのに対して、松田氏の場合は7枚目からである。また、節間は通常の25 cmに対して15 cmで、収穫可能な果房段数は通常がおおよそ17～18段に対して、25～26段まで可能となる。その結果、1本あたりの収量は通常の約2.5 kgに対して、最大7 kgとなる[41]。

松田氏のミニトマトの販売に関するデータを、2004年度の夏秋ミニトマト農家の平均と比較した結果を表3にまとめた。おおよその値であり、地域や出荷先の条件が異なるため単純に比較するわけにはいかないが、全国平均よりも高い北海道平均と比べても販売量は約1.3倍、単価は約1.9倍である。その結果、単位面積あたりの粗収益は約2.4倍となっている。きめ細

表3　2004年度夏秋ミニトマトの経営データ

	松田氏	北海道	全国
粗収益（A） （10 a あたり）	約630万円	約258万円	約220万円
販売量（B） （10 a あたり）	約5.5 t	約4.3 t	約3.9 t
単価（A/B） （200 g あたり）	約230円	約120円	約114円
作付面積	約10 a	51 a	35 a

（注）全国は北海道から熊本県までを含む20件の平均値であり、北海道は他県平均値よりも高い5件の平均値である。
（出典）2005年9月の松田氏への聞き取りとその後の補足調査および農林水産省「農業経営統計調査平成16年産品目別経営収支」の夏秋ミニトマト農家平均をもとに作成。

かい管理が必要で労働集約的なため、作付面積は北海道平均に比べて約5分の1だが、品質・収量の高さが経営データに反映されている。

ミニトマトの売り上げに、水稲の約360万円(収量：約8俵／10 a、販売価格：約3万円／1俵)、ホウレンソウの約75万円(収量：約500 kg／10 a・1作、販売価格：約150円／200 g)を加えれば、松田氏の農業粗収益は1000万円以上となる[42]。なお、松田氏はボカシ肥や生物活性水製造システムを自分でつくり、曝気のための電気代も1カ月あたり約1万円ですんでいるので、農業所得率は50%以上を十分に確保しているという。

このような価格や収量の高さは、松田氏の優れた農業技術を裏付けているといえる。松田氏は前述のとおり03年夏に出荷先である米沢郷牧場の組合員を辞めたが、その後すぐに技術の高さを認められ、04年より東京の大田市場内にある㈱大治(だいはる)に出荷している。個人での出荷を余儀なくされることで、集団の中で埋もれがちであった技術力がかえって評価されるようになったという意味で、象徴的な出来事といえる。

(2) 農業に対する充実度の高さ

技能的技術がもたらす効果は、品質や収量の高さだけにとどまらない。松田氏は現在のようなやり方での農業におもしろみを感じ、さらに充実感を得ている。それは聞き取りの際に松田氏が発した以下のような言葉の端々からうかがえる[43]。

「いろんな仕事をやってきたが、農業が一番おもしろい。農業は自分がつくったものに対して答えが出せる。人間はすぐ裏切るが、植物は手をかけたら裏切らない。農業がおもしろいと感じ始めたのは、米沢郷牧場とのつきあいが始まり、BMW技術を取り入れるようになったころから」

このような松田氏の農業に対する充実度の高さは、自然や生き物を相手とする農業がもつひとつの特徴を表している。とりわけ有機農業技術では、マニュアル化しやすい農薬や化学肥料、機械などの技術に比べて、誰もが同じような結果を出すのはむずかしい。それだけに、農業者が経験や創意

工夫を活かす余地が多く残されており、またそれらが成果に反映される可能性も大きい。

長崎が述べるように「BMW技術は、使用者が自前の技術にすることができる。環境でも農業でも、また都会生活でも、BMW技術はそれぞれの創意工夫の余地がおおいにある。このハイテク時代に、技術の主人、主体になれるから『技術を使う』ことが結構面白い」[44]。このようなBMW技術の特徴が松田氏の技能的技術とともに農業に取り組む意欲や姿勢につながり、農業技術と経営への相乗効果がもたらされているといえよう。

6　技能的技術の役割と意義

松田氏はBMW技術とボカシ肥を組み合わせた独自の技術によって、農薬や化学肥料に頼らずに優良な農業経営を実現している。一般に有機農業では、虫食いやミネラル不足で見た目の悪さや収量の低さを指摘されることが多い。松田氏の事例は技能的技術によってこれを克服する可能性を示しており、経営的に成り立ちうる有機農業技術のひとつのあり方を示しているといえる。

松田氏の農業技術を詳細に調べた結果、そこには図3のように技能的技術が深くかかわっていることが把握された。モノの技術だけから見れば、それはBMW技術(生物活性水)、ボカシ肥、点滴灌水施肥などの要素技術、または農薬や化学肥料に置き換わる技術としか捉えられない。しかし、実際には創意工夫や観察力、判断力といった技能的技術が重要な位置を占めており、有機的に融合していることを認識しなければ、松田氏の有機農業技術の本質を捉えたとはいえない。

技能的技術はマニュアル化がむずかしく、個人の資質に左右されやすい。換言すれば、容易に普及することがむずかしいという側面をもつ。だが、松田氏の事例が示すように農業者が主体となって創意工夫を凝らせば、無

図3 松田氏の農業技術の成り立ち（概念図）

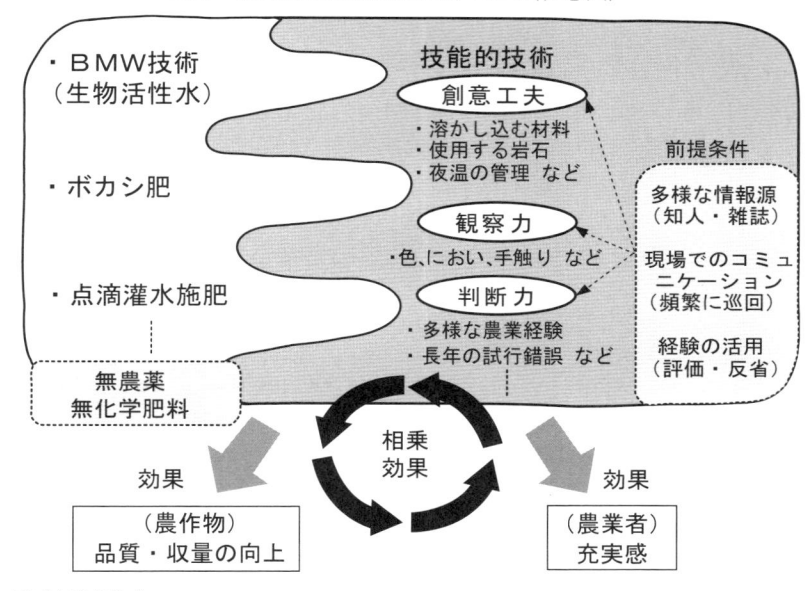

```
・BMW技術              技能的技術
 （生物活性水）         （創意工夫）
                        ・溶かし込む材料
                        ・使用する岩石         前提条件
・ボカシ肥               ・夜温の管理 など
                                             多様な情報源
                         （観察力）           （知人・雑誌）
                        ・色、におい、手触り など  現場でのコミュ
・点滴灌水施肥                                 ニケーション
                         （判断力）           （頻繁に巡回）
                        ・多様な農業経験
  無農薬                ・長年の試行錯誤 など   経験の活用
  無化学肥料                                   （評価・反省）

         効果           相乗           効果
                        効果
     （農作物）                      （農業者）
     品質・収量の向上                 充実感
```

（出典）筆者作成。

農薬・無化学肥料でも品質や収量を十分に確保し、そのうえで充実感を得ることも可能である。

　また、松田氏の技能的技術の前提条件として、多様な情報源や現場でのコミュニケーションをもち続けている点に加え、それまでの経験をうまく活かしている点があげられる。とくに技術の形成過程では、BM技術協会や米沢郷牧場のような現場の実践者の集まりへの関与が直接的・間接的に重要な役割を担っていたと考えられる。これは、有機農業技術に関するネットワークへの参加が技能的技術の基礎や動機づけとして貢献する可能性を示唆しているといえる。また、品質・収量の向上や充実感といった効果が相乗的にはたらくことも、技術向上の重要な要素と考えられる。

　なお、農業者に対して技能的技術を広く普及することに成功した事例として、福岡県の元農業改良普及員の宇根豊による減農薬稲作運動があげられる。農事暦どおりに農薬を散布していた人たちが「虫見板」を使って自

分の田の虫を観察し、本当の害虫を見分ける能力を養い、予防的な農薬の散布をやめる主体的な農業者が増えていったのである[45]。有機農業技術の確立においてはモノの技術を開発すると同時に、このような技能的技術の役割を認識し、それを農業者たちのなかでいかに高めていくかを考慮することが求められる。

1)「持続性の高い農業生産方式の導入の促進に関する法律施行規則」では、それぞれ①たい肥等有機質資材施用技術、緑肥作物利用技術、②局所施肥技術、肥効調節型肥料施用技術、有機質肥料施用技術、③温湯種子消毒技術、機械除草技術、除草用動物利用技術、生物農薬利用技術、対抗植物利用技術、抵抗性品種栽培・台木利用技術、土壌還元消毒技術、熱利用土壌消毒技術、光利用技術、被覆栽培技術、フェロモン剤利用技術、マルチ栽培技術が掲げられている。
2) 2006年3月施行の改正JAS法に基づく認定事業者数と改正前のJAS法に基づく認定事業者数から算出した農家数の合計であり、重複してカウントされている可能性がある。
3) 梶井功『国際化農政期の農業問題』家の光協会、1997年、146ページ。
4) 農林水産省『環境保全型農業（野菜）推進農家の経営分析調査（事例）』2000年。
5) 農業技術を主題に掲げる場合には、技術そのものの規定を扱う技術論や歴史的過程での農業技術体系を扱う農法論が重要となる。本章の視点は、あくまで実践的に取り組まれている技術実態をボトムアップ的に把握し、そこから技術の確立に向けた課題や技術が波及しにくい要因をさぐるものである。
6) 菱沼達也『私の農学概論』農山漁村文化協会、1973年、186ページ。
7) 祖田修『農学原論』岩波書店、2000年、209ページ。
8) 大原興太郎『稲作受託組織と農業経営―新しい経営体確立の可能性―』日本経済評論社、1985年、19～20ページ。
9) 前掲7）。
10) T・W・ブリンクマン著、大槻正男訳『農業経営経済学』地球出版、1969年、60～72ページ。渡辺兵力『農業の経営』養賢堂、1978年、21～26ページ。
11) 柏祐賢『農学原論』養賢堂、1962年、216～285ページ。柏のこれら3つの技術を概略すれば、「技能的技術」は農業者自身が農作物や土地に直接働きかける技術であり、「手段使用的技術」は「技能的技術」をより効果的にするために構想された物的・客体的な操作手段を使用する技術、「組織的技術」は協業や分担によって複数の労働主体を組み合わせる技術、と理解しうる。
12) 前掲10）『農業の経営』。

13) 御園喜博「農業技術論」近藤康男編『農業経済研究入門』東京大学出版会、1954年、189〜190ページ。
14) 前掲11)、125〜126ページ。
15) アダム・スミス著、水田洋監訳、杉山忠平訳『国富論（一）』岩波書店、2000年、223ページ。
16) 池上甲一「技術の位置づけと技術者の社会的責任」祖田修・太田猛彦編『農林水産業の技術者倫理』農山漁村文化協会、2006年、49〜75ページ。
17) 前掲11)。
18) 中島紀一「有機農業・環境創造型農業発展のための技術開発課題」『週刊農林』第1913号、2005年、4〜5ページ。
19) 宇根豊「脱近代化運動としての有機農業」日本村落研究学会編『有機農業運動の展開と地域形成』(年報『村落社会研究』第33集)農山漁村文化協会、1997年、43〜53ページ。
20) 渡植彦太郎『技術が労働をこわす—技能の復権—』農山漁村文化協会、1987年、28ページ。
21) BMW技術の仕組みや環境保全的特性に関する研究者による解説としては、長谷山俊郎「2000年の節目に農業対応を根本から考える—循環農業"BMW技術"の意味と意義—」(『農業および園芸』第75巻第7号、2000年、18〜22ページ)および大原興太郎・長谷山俊郎・林田邦弘「自然循環型農業の先駆的展開—山形県米沢郷牧場—」(大原興太郎・中川聰七郎編『農業経営・農村地域づくりの先駆的実践—地域農業の21世紀展望事例—』農山漁村文化協会、2005年、1〜25ページ)に書かれているため、本章では概要のみ取り上げる。なお、BMW技術を活用する農業者全般についての技術や経営を客観的に評価できるデータについては現在のところBM技術協会も把握していないとのことであり、BMW技術そのものに対する評価は今後の課題としたい。
22) 長崎浩『「細菌」が地球を救う』東洋経済新報社、1996年、61ページ。
23) BM技術協会「BM技術協会パンフレット」。
24) 長崎浩『自然の自浄作用を活かす—BMW糞尿・廃水処理システム—』農山漁村文化協会、1993年、125〜127ページ。
25) 水や液体資材、液肥などを作物に直接散布するのではなく、散水や葉面散布などにより株元の土壌に注ぐなどして根から吸収させる方法。
26) 前掲22)、92〜94ページ。
27) 前掲21)「自然循環型農業の先駆的展開—山形県米沢郷牧場—」。
28) プラント会員とはBM技術協会の指導のもとでBMWプラントを設置している会員であり、アクア購読会員とは会報の購読のみを目的とする会員のことである。
29) 前掲24)、147〜155ページ。

30) 長谷川浩「自然科学の視点から有機農業技術論を考える―高品質有機栽培農家の技術形成過程―」日本有機農業学会自然科学系・社会科学系合同テーマ研究会資料「有機農業の技術論をめぐって―日本の有機農業の技術到達点に関する全国調査のための予備的討議―第1回」2005年。現代農業編集部「夏秋ミニトマトで高値10t超！ボカシ肥流し込み栽培山形県川西町・松田鉄美さん」『現代農業』2005年10月号、139～145ページ。前掲24)、152～154ページ。
31) 1985年のキュウリの年平均小売価格は約486円／kgである（総務庁統計局「小売物価統計調査年報（1985年）」の都道府県庁所在都市及び人口15万以上の市の値より計算）。したがって5kg約2430円だから、松田氏の売り値はほぼその2倍である。
32) BMW技術を先駆的に農業に取り入れた米沢郷牧場の詳細は、前掲21)「自然循環型農業の先駆的展開―山形県米沢郷牧場―」を参照。
33) 松田氏は明確な理由は述べないが、組織と個人の関係のむずかしさや優れた技術をもつ者の間での意志統一のむずかしさなど、さまざまな要因が重なった結果と考えられる。
34) 実際には土壌分析結果に応じてボカシ肥の原料に小麦ふすまを加えたり、牛糞・鶏糞堆肥を直接投入したりする。
35) 前掲22)、56～58ページ。
36) 松田氏の岩石利用についての詳細は、現代農業編集部「岩石で変わる水―墓石屋さんのクズ石をタダで利用いい水は身体にも作物にもいい―山形県川西町・松田鉄美さん」（『現代農業』2005年7月号、62～67ページ）を参照。
37) カッコ内は、実際に松田氏が目的とする効果を明確にしていることを示している。実際にその効果があるかどうかを確かめたものではない。
38) 現在では、基本的にボカシ肥を作成する小屋に棲み着いている菌で十分とのことで、とくに菌の添加はしていない。
39) ミニトマト「千果」の種子の販売元であるタキイ種苗では糖度は8～10度とされている（タキイ種苗のホームページ：http://www.takii.co.jp/tsk/hinshu_info_idx.html）
40) 糖度データは、筆者らが簡易糖度計により松田氏14点、坂野忠彦氏6点について測定した結果である。
41) 前掲30)「夏秋ミニトマトで高値10t超！ボカシ肥流し込み栽培山形県川西町・松田鉄美さん」。
42) 松田氏によれば、2004年度の農業粗収益は米沢郷牧場の組合員を辞める前の約800万円より30％増えた（約1040万円）という。
43) 妻も農作業を手伝いながら満足している様子で、松田氏の農業のよき理解者でもある。インタビューに答える松田氏の話にうなずきながら、ミニトマトの一つひとつを生き物として扱う姿が印象的であった。

44) 前掲 22)、88 ページ。
45) 宇根豊『減農薬のイネつくり―農薬をかけて虫をふやしていないか―』農山漁村文化協会、1987 年。宇根豊『天地有情の農学』コモンズ、2007 年。祖田修・末原達郎「福岡減農薬稲作運動の農業・農学史的意義」大原興太郎・中川聰七郎編『農業経営・農村地域づくりの先駆的実践―地域農業の 21 世紀展望事例―』農山漁村文化協会、2005 年、271〜305 ページ。

本稿は、外園信吾・大原興太郎「有機農業における技能的技術の役割と意義―BMW 技術を応用するミニトマト農家を事例として―」(『農業・食料経済研究』第 54 巻第 1 号、2007 年 12 月、71〜82 ページ)に加筆したものである。

第❺章 バイプロ養豚の可能性と社会的意義
―食品副産物・廃棄物のリキッド飼料化―

大原興太郎

1 食品廃棄物問題と資源循環

　一般的に食品廃棄物(未利用資源)を含む有機廃棄物の活用方法は、飼料化、肥料化・堆肥化、原料化(生分解性プラスチック、食品原料・化粧品原料、その他工業製品原料)、エネルギー化(メタン発酵・高温嫌気発酵・メタノールなど)、燃料化(RDF)などが考えられる。そして、最終的には、減量化(焼却)して埋め立てられる。このなかで飼料化はかなり高い付加価値がつくにもかかわらず、さまざまな理由から必ずしも取り組みが十分であるとはいえず、肥料化・堆肥化を中心に進められている。また、かつて都市近郊地帯に多く見られた残飯養豚(学校・社員食堂・レストランなどの残飯や食品残渣を集めて飼料とし、豚を飼う方式)も、残飯を扱う業者の減少や肉質の問題によって、1970年代から少しずつ廃れていった。

　しかし、2000年6月に成立した「食品循環資源の再生利用等の促進に関する法律」(食品リサイクル法)によって状況は変わった。とりわけ、07年12月より施行された食品リサイクル法の改正案では、年間100t以上の食品廃棄物を排出する業者に毎年度、減量や20%の飼料化・肥料化などの再生利用量が義務づけられた。達成できない場合は、農林水産省が指導・勧告できる。このように、取り組み実績を確認し、積極的に公表することによって、自主的な発生抑制やリサイクルを促進しようとしている点が特徴であ

る[1]。また、アメリカや中国におけるトウモロコシなどのバイオ燃料への転換によって飼料価格が高騰している。今後、飼料の国内自給やバイプロ（バイプロダクト＝副産物）の飼料化へのプッシュ要因はますます高まるであろう。

そこで、ここでは社会的に解決すべき課題でもある食品産業・外食産業におけるシステム的余剰物・副産物・廃棄物（食品循環資源）の活用に焦点をあてる。なかでも、養豚経営へのリキッド（液体）飼料給餌（フィーディング）の現状と課題をとおして、バイプロ養豚の可能性について考察したい。

廃棄物を減らし、環境問題を緩和するために、1990年代に入ってさまざまな取り組みが始まっている。だが、現状は楽観をゆるさない。産業廃棄物として処理する場合は、食品産業側にとってコストはかかるが、利害関係者から苦情が出ることはほとんど考えられない。一方、飼料化処理は、その餌を食べた豚が死んで養豚農家から苦情が出ては困るというような供給側の保身的動機から足踏みする傾向がある。養豚農家にとっても、システムを導入するための新規投資が必要であるうえに、副産物資源を獲得する労力やコネクションがないと、簡単に取り組めないであろう。

しかしながら、20世紀に大きくシフトした豊かな社会の産業と生活のスタイルを近代化以前の状態に逆戻りさせることはむずかしいものの、省資源型・循環型の生産・生活スタイルへ向かわざるをえないこと自体は疑う余地がない。問題は、食品関連業者・生活者・行政担当者などさまざまな主体がいかに利害を調整しながら、そうした方向に向けてさまざまな知恵を結集していけるかどうかであろう。

2　日本におけるバイプロ畜産・養豚の試み——残飯養豚（畜産）の変容——

（1）残飯養豚からバイプロ養豚へ

日本の畜産農家は1960年代以降の近代化過程において多頭化を余儀なく

され、同時に法人経営などによる大規模化も進んだ。そこでは効率優先の経営に追い立てられることとなり、飼料の自給度は低くなり、輸入飼料に代替されていく。だが、ごく一部ではあるが、食品産業の副産物などを廃棄物とせずに有用物として循環させる仕組みが存在していた。

そうした循環型の経営を試みていた一つに、三重県津市の農事組合法人ヤマギシズム豊里実顕地がある。ここでは、モノを活かして使うという考え方で発足時の69年より近隣の農業および食品産業の副産物（藁・フスマ・おからなど）を利用していた。その後、実顕地の家畜頭数の増大に対応して、90年2月に産業廃棄物処分業許可証を取得。いわゆる食品循環資源を、より大規模に取り扱うようになった。すなわち、残飯や食品産業のおから、醤油粕など処理料を受け取って飼料化できる産業廃棄物、パンくずなど無料で引き取る副産物と、kgあたり2〜5円を支払って購入するビスケットくずやダシ粕やポテトチップ粕などの有価物をうまく組み合わせているのである。また、これらの有価物は単に配合するだけでいいし、業者が持ち込んでくれるというメリットがある。堆肥と稲わらの交換によって、粗飼料もかなり大規模に確保してきた（表1）。

表1　農事組合法人ヤマギシズム豊里実顕地による飼料となる食品廃棄物・有価物一覧（2000年）

	種類	取引量(t/年)	処理料(円/kg)	購入価格(円/kg)	取引先	処理方法	運賃負担者
産業廃棄物	おから	9900	4〜5	—	三重県内	発酵させたり配合して飼料化	業者
	醤油粕	2820	5	—	中部・関西	発酵させたり配合して飼料化	農事組合法人
	アメ粕	2270	5	—	中部・関西	発酵させて堆肥化と飼料化	農事組合法人
	コーヒー粕	1000	5	—	中部・関西	発酵させて堆肥化	農事組合法人
無料で引き取り	パンくず	7500	—	0	中部・関西	配合して飼料化	農事組合法人
	ロスマーガリン・クリーム	960	—	0	関東・関西	配合して飼料化	農事組合法人
有価物	ビスケットくず	500	—	5	関西	配合して飼料化	業者
	ダシ粕	350	—	3.5	関西	配合して飼料化	業者
	ポテトチップ粕	400	—	5	関西	配合して飼料化	業者
	加工卵	80	—	2	関西	配合して飼料化	業者
	ウィスキー粕	1000	—	5	関西	配合して飼料化	業者

（出典）ヤマギシズム豊里実顕地の資料より、伍暁萍・大原興太郎作成。

なお、牛を対象にバイプロ畜産を早くから行なっていた事例として、三重県の尾崎畜産御浜(みはま)ファームがある[2]。

　そうしたなかで、食品リサイクル法の導入と同時に有機性資源の飼料化に関する各種事業が開始されていく。まず、2000年度のリキッドフィーディング実用化促進事業により、ドイツのWEDA(Dammann & Westerkamp GmbHの略称)社のシステムを利用した大規模なリキッドフィーディングの取り組みが、日本ではじめて有限会社ブライトピッグ(千葉県)において始まった。続いて、岐阜県のロッセ農場が中京圏のバイプロを集める有限責任中間法人「循環資源再生利用ネットワーク」と連携して、同じくWEDA社のシステムを導入したリキッドフィーディングを05年から開始。鹿児島県では、ひこちゃん牧場が焼酎滓一日13tをベーススープとしてリキッドフィーディングを行なっている。海洋汚染防止を目的としたロンドン条約により01年4月から焼酎粕の海洋投棄が原則禁止になり、07年4月から全面禁止になった。焼酎粕の処理方法の3分の1を海洋投棄に頼ってきた焼酎産業にとって、海洋投棄に代わる飼料化は救いの道でもある。

　この3つの取り組みはいずれもWEDA社のシステムをベースとしているが、生産の仕組みと原料調達のネットワークは少しずつ異なる。このほか、神奈川県厚木市にグループ企業の生ごみなどを加熱処理しながらスープ化し、養豚農家に供給している事例がある。

　国レベルでこのリキッド飼料の可能性を検討したものに、「平成14年度畜産新技術実用化対策事業報告書リキッドフィーディング実用化」がある。ここでは、①食品にかかわる安全性問題・技術的課題、とくに処理方法をどうするか、②供給側(排出者)と需要側(養豚家)のミスマッチ、③飼料素材の発掘と製品化および素材としての品質管理という3つの問題があげられた。なかでも②に関して、「廃棄物なのか餌なのか」という基準が未整備であること、残飯を用いることのリスクと、供給側と需要側の信頼関係の構築が大きな課題として横たわっている。

(2) リキッド飼料の特徴とメリット・デメリット

リキッド飼料の特徴(メリット)は、次の8点に整理できる。

① 食品工場などから大量に排出されるシステム的余剰物・副産物・廃棄物(まだ食べられる状態のもの)をあまりエネルギーを使わずに、ふたたび家畜の餌(液体状の飼料)にするシステムである。

② 豚の健康状態と栄養成分を厳密に管理する必要があるため、対象とする未利用資源は、衛生的に問題がなく、大ロットで、均質でなければならない。

③ 給餌作業が全自動化されているために省力化できる(理想的状態)。

④ 液状飼料であるから、配合飼料や単味飼料のみでなく、食品・薬品・農産物などの加工による副産物・残渣、産業廃棄物が利用できる。たとえば、菓子くず・パンくず・おから・ビール粕・焼酎粕・醤油粕・脱脂粉乳だけでなく、液体系の未利用資源(豆乳、牛乳、ホエー、生ジュースなど)をそのまま利用でき、乾燥する手間やコストもいらない。そのため、廃棄物処理の環境負荷を減らし、結果として地球温暖化を多少とも緩和でき、循環型社会の課題であるリサイクル率の向上に資する利点がある。

⑤ このような副産物や産業廃棄物は安価な飼料として購入できる。また、乳酸発酵や蟻酸(蟻、蜂の毒線中や松、モミなどの葉に存在している成分。工業的に製造できるため、飼料添加物、殺菌剤、金属表面処理、pH調整剤などに使われている)を加えてpH4以下にすることによって、冷蔵や煮沸などの特別な保存方法をとらなくても通常のタンクで保存が可能である。

⑥ 飼料が水と混合されているので、粉飼料のように粉塵となって飛散しないし、こぼれロスが少なくなり、肉生産のための飼料の利用効率が高くなる。

⑦ 粉塵の発生がないことは、豚の呼吸器系疾病率の低下と健康状態の向上につながる。

⑧給餌量の正確な調節ができるので、豚の発育がよくなる。

一方で、以下のようなデメリットもある。

①初期投資ないしはシステム転換投資が大きい。また、現状では給餌システムなどが外国製のため、修理代が高くつく。
②食品メーカー・飼料メーカー・養豚農家をつなぐネットワークが必要となる。
③原料の収集、運搬、加工、利用の各段階で、衛生状態を保たなければならない。
④日本では技術的にまだ未熟である。

3　日本におけるバイプロ・リキッド養豚の試みと課題
　　―先進事例を中心に―

(1) ロッセ農場の挑戦

　ロッセ農場の現社長栗木充男氏の父・栗木鋭三氏は、1919年(大正8年)に養鶏業を始めた栗木一二三氏(充男氏の曾祖父)以来の養鶏事業に加えて、1977年に養豚事業を開始した。その後、加工・直売などグループ企業の多面的な展開を図るなかで、2003年に食品循環資源(パンくず、おから、ジュース、牛乳など)によるリキッド養豚をめざしたロッセ農場を岐阜県高山市郊外の呂瀬に設立する。グループ企業は資本金5000万円、従業員342名(05年11月現在)、売上高148億円(05年6月現在)である。

　ロッセ農場は、母豚の種付けから生まれた豚の育成・出荷まで行う一貫経営である。母豚の候補豚は衛生レベルの高い種豚農場から生後4～4.5カ月で導入し、隔離豚舎で約2カ月慣れさせる。その後、種付け豚舎で100％人工授精により種付けを行なっている。妊娠豚舎(分娩舎)では、授乳期専用の栄養価の高い飼料を個体別に一日10回くらい給餌する。子豚は3週齢で離乳育成舎へ移し、11週齢まで育てる。その後は肥育舎に移して180

日齢まで肥育する。90日齢以後はワクチンを投与しない。2005年11月現在、母豚2000頭、年間出荷頭数は4万8000頭だ。

おもに東海地方の食品工場などから持ち込まれた通常20〜30種類、合計100種類を超える食品循環資源は、トウモロコシや大豆粕とともにベースミックスとよばれる液体飼料原料として、メインキッチンとよばれるリキッド飼料の原料保管所に蓄えられる。そして、サブキッチンとよばれる最終的な配合施設を経て、各豚舎にリキッドパイプで搬送される。このリキッド飼料は、蟻酸を入れてpH 3.5〜4にして与えている。搬送パイプは一日一回水洗いをし、アルカリによる殺菌作業も行う。

肉質の改善や豚の健康状態の保持にあたっては、脂肪と塩のコントロールがむずかしいという。塩分濃度が0.1％を超えると尿が増加するので、原料のバランスを考えている。また、脂肪が柔らかくてスライスしにくく、肉汁がこぼれやすいとして嫌われる軟脂にならないように、出荷前2カ月は不飽和脂肪酸(おもにリノール酸)をあまり含まない飼料に切り替える。肉質の管理にはこうした飼料に関する知識が不可避であり、飼料会社に勤務していた職員を確保するなど豊富な人間関係のネットワークを活かしている。

ロッセ農場の特徴は以下の3点に整理できる。

①循環資源再生利用ネットワークをとおした可能なかぎりのバイプロ・リキッド飼料の利用と、飼料配合や給餌のコンピュータ管理(WEDA社製)。

②徹底した衛生管理(社員はもちろん、飼料・肉豚運搬用の車両の消毒も徹底)。

③ドイツのGENMMEL社製の徹底した豚の生育環境の管理。具体的には、豚舎を空気層を活用した断熱構造にして生育適温に保つとともに、糞尿が下に落ちるようにするための小さな穴を空けた床構造と連動した糞尿処理システムである。320頭の豚房ごとに空調や尿溜めは隔離されており、病気の伝染への対策になっている。

(2) ひこちゃん牧場における一貫経営

鹿児島県の間和彦氏は2001年に兄から農場を買い取って養豚経営を独立し、05年7月に溝辺町(現霧島市)に半年間かけて新農場と事務所を完成。やや早くから稼働していた部分の出荷は5月10日から始めた。リキッド設備は飼料スープ工場に約3000万円、給餌ライン・機械・配管などに6000万円強、1000頭規模で約1億円の投資である。06年11月現在、母豚は800頭弱だ。すべてウィンドレス豚舎で、生育環境を管理し、配管施設は250m搬送可能なシステムになっている。最初にWEDA社のシステムを入れたブライトピッグでは配管が1kmにも及んで搬送トラブルが起こったり、給餌パイプを洗う水が大量に必要だったそうだ。

従業員は10名で、後継者となる農学部卒の娘夫婦が含まれている。英語で書類作成もできる娘夫婦は4カ月間ドイツで研修を受け、リキッド給餌のシステムが故障もなかったので導入したのである。この娘夫婦が経営参画を決めたことが、新農場の投資を決定する大きな要因になったという。

完全配合飼料のみで育てる場合は1.8kg／頭・日のところ、焼酎粕を中心にして芋や小麦を加えたリキッド飼料を与えることによって、完全配合飼料は1.45kg／頭・日ですんでいる。焼酎粕は13t／日、3000円／tの処理料をもらって受け入れ、ベーススープを製造する。この焼酎粕は、以前は海洋投棄されていたものである。pHは蟻酸を加えて4.3に保っている。

配合飼料のトウモロコシ価格は17円／kgだったが、2007年3月から24円／kgに上昇した。豚肉の市場価格は300～600円／kgと変動しているが、出荷先の東京・埼玉・横浜・大阪の四市場の平均が350円／kg程度であれば十分やっていけるという。なお、ひこちゃん牧場の豚肉は市場価格より平均5円／kgくらい高く取引されている。

(3) 小田急フードエコロジーセンターの取り組みと特徴

小田急電鉄が100％出資した小会社である小田急ビルサービスは、2005

年に産業廃棄物処分業許可証と一般廃棄物を扱う再生利用業個別許可証を取得した。そして、関連企業のレストランから食品循環資源を収集して小田急フードエコロジーセンターを設立し、リキッド発酵飼料を製造して、契約養豚農家に供給している。生産されたバイプロ豚肉は、小田急グループの食品店と東京近郊の豚肉専門店で販売する。

　リキッド飼料の原料は、おもに食品産業の副産物 10～15 t／日を 7～25 円／kg(18 円平均)で受け入れている。これに、ビタミンやミネラルなどのサプリメントを餌メーカーから買い入れて加え、60 t／日のリキッド飼料を製造する。1 日の取り扱い容量は許認可の関係で一般廃棄物系の残渣と産業廃棄物系がそれぞれ 19.5 t／日となっており、2008 年からフル稼働した。

　施設の特徴の一つは、飼料原料をボイラーで 90～100℃ の殺菌をしていることである。とくに一般廃棄物として持ち込まれるものはロットが小さく、残飯など腐敗しやすいものも多いので、殺菌処理を行うほうが安全・安心につながる。その後で冷まして乳酸発酵し、pH 3.7～4.0 にして 10 t×5 基の出荷タンクで保管。10 t のタンクローリーで養豚農家に配送する。また、工場内の 4 カ所に金属チェックのセンサーを設置して、異物の排除に努めている。06 年には神奈川県から産業廃棄物処分業許可証を得て、リキッド飼料の配送の帰りに廃乳を集荷できるようにした。

　契約養豚農家は神奈川県内の 7 戸で、リキッドがほぼ 100% のところから配合粉食がメインなところまで、まちまちである。餌の種類は肥育前期、肥育後期、子豚の三種類に分かれ、保存は二週間程度。乳酸発酵させたリキッド飼料は、最近はやりのプロバイオティクスそのものである。すなわち「消化管内の細菌叢を改善し、宿主に有益な作用をもたらしうる有用な微生物と、それらの増殖促進物質」「プロバイオティクス機能を持つ微生物を摂取すると、それが消化管内(口腔内や腸内)のフローラ(細菌叢)に作用し、フローラの健常化をはかりながら、疾病の予防、改善を行う」(プロバイオティクス学会)効果があるという。

　このリキッド飼料を使った豚肉は、グループ内で約 1000 人の関係者に現

場を見て食べてもらったという。安全・安心の豚肉として、小田急デパートなどのレストランや系列ゴルフ場でも利用されている。従業員は工場5人、タンクローリーの運転手1人、事務4人の合計10人だ。

4　循環資源再生利用ネットワークの役割と可能性[3]

(1) 設立の背景

　有限責任中間法人「循環資源再生利用ネットワーク(略称：しげんさいせいネット)」は、生協の取引先を中心に2003年4月3日の設立総会を経て登記手続きを行い、4月11日に名古屋市名東区に誕生した。中間法人は、02年に施行された中間法人法によって「公益を目的とせず、かつ、営利を目的としない法人」と定められ、設立の登記によって法人格が与えられる(準則主義)。社員2名以上、基金300万円が条件である。生活協同組合が「非公益かつ非営利目的法人」として社会貢献性を重視しているのと同様に、しげんさいせいネットの定款にも事業の性格上「社会貢献性」が盛り込まれている。

　2000年の循環型社会形成推進基本法の成立に続いて、食品リサイクル法の公布(01年)、資源の有効な利用の促進に関する法律の改正(02年)と、各種リサイクル法はじめ環境関連法が矢継ぎ早に制定・施行されたことが、設立の背景にある。02年に発表された「バイオマス・ニッポン総合戦略」もまた、こうした生物系資源の循環に拍車をかけた。

　しげんさいせいネットの前身は、中部地方の企業が1998年に「地域の循環型社会を構築する」をテーマとして立ち上げた中部異業種間リサイクルネットワーク研究会(CRN)である。この研究会は生協にとっては日常あまり接する機会のない幅広い異業種の企業の集まりで、めいきん生協、コープぎふ、みかわ市民生協、東海コープ事業連合や、その取引先企業が参加し、

研究を重ねてきた。2001年には農林水産省の「食品リサイクル施設先進モデル実証事業」の認定を受け、企業間連携による資源循環システム構築の基本をまとめている。

その研究成果をもとに、意欲あるメンバー（研究会参加企業と取引先企業10社、事務局はめいきん生協元役員など）で2002年10月に発起人会を設置した。発起人会は食品リサイクル法施行がひとつのきっかけではあったが、むしろ本筋は食料自給率向上をめざしたものであったという。法人化に向けて、当初は事業協同組合を志向した。しかし、資源循環ループを構成する異業種組合員による協同組合は中小企業協同組合法になじまず（利害関係が異なる）、利益をあげることに制限はないが会員に還元できない中間法人をたまたま採用することとなったのである。

循環型やリサイクルのネットワーク組織はこのほかにもいくつかつくられ、活動している。その類型をみると、次の4つに分けられる。

①産業廃棄物の排出企業が関連企業や提携先を組織し、連携してリサイクルする（排出企業中心）。

②産業廃棄物の処理機を提供（販売、リース）して処理物を斡旋したり、日常廃棄物処理の日常管理運営業務を受託する（処理業者が行う場合もある）。

③コンサルタント企業が排出から最終段階までをトータルに把握し、順法管理も含めて管理運営を受託する（輸送会社が行う場合もある）。

④排出、収集運搬、再生、再生品使用など資源循環の環を構成する企業が対等平等に参加する。

しげんさいせいネットは④のタイプであり、③までとは性格を異にする。この方式は、一つの企業に依存したり、大企業の傘下に入る関係ではない。それぞれの企業がもつ事業力を100％発揮しつつ、協同連携によって最大のメリットを生み出し、その利益は公平に配分される。

しげんさいせいネットの運営は「協議会組織」と「事業組織」から成り立つ。協議会組織は全会員企業対象で、要望を出し合い、連携の可能性を追求する。セミナーや事例視察を企画し、研究会を設ける。そして、ある

程度見通せる状態になれば関係企業でプロジェクトを編成する。事業組織は各種事業ごとに関係する会員企業で構成し、事業委員会を設置して、その事業の推進を図る。収入は入会金と年会費で、各種事業はそれぞれに参加する会員企業で応分の事務局費用を拠出することで成り立つ。設立趣意書では以下のように述べている。

「21世紀に入って『循環型社会の形成』、『リサイクルシステム』等が協調されていますが、この社会システムは従来の生活スタイルや市場原理、競争原理では実現しません。それぞれが自らの力を発揮することとそれを束ねて(共同連帯して)より大きな力にしていく、新しいしくみと新しい運営が必要」

しげんさいせいネットはこのように、さまざまな困難が伴うと思われる異質なものの協働という課題に果敢に挑戦した組織なのである。

(2) 設立後のおもな事業

①養豚用リキッドフィーディング事業

乾燥飼料ではなく「液状飼料を使った養豚システム」が、めいきん生協、みかわ市民生協などの産直養豚場であるロッセ農場に導入された(91ページ参照)。食品循環資源(食品工場から出る副産物および未使用食品)を有効利用し、肉質のよい豚肉が組合員に提供されている。06年1年間では、約150品目、1万tの食品資源が有効活用された。

②牛用発酵飼料(サイレージ)製造・販売事業

牛乳消費の低迷と飼料高騰が酪農生産者を窮地に追い込んでいる。かつての生協の「成分無調整牛乳」の取り組みは、必ずしも「高脂肪」をめざしたわけではない。とはいえ、今日では高脂肪牛乳や濃厚飼料一辺倒の酪農の見直しが求められている。サイレージは、おから、フルーツ(皮、搾り粕など)、焼酎粕などの発酵生成物(有機酸が豊富)と購入飼料をベストミックスして乳酸発酵させた飼料である。ますます深刻化する耕作放棄地の解決

の一策として多収穫稲を生産し、バイオエタノール製造と、その残渣のサイレージ化というカスケード利用が、次のステップの課題である。

③循環型産直事業の構築

　生協店舗から出る食品残渣やコープ食品メーカー(生協の仕様書に基づいた製品をつくる企業)から出る残渣を適切に混合して、良質の発酵肥料(ぼかし肥)をつくる。それを使って栽培した農産物を生協組合員または生協が取引する企業に供給する、ループ型事業システムの構築である。加えて「おいしい産直品づくり、収益性の高い産直品づくり(高品質持続的農業生産)」のコンサルタント事業も含んでいる。

④廃食油のエネルギー化事業

　重油、軽油などと廃食油に水と界面活性剤を加え、圧力をかけて細分化・強制混合したエマルジョン燃料の製造である。これによって廃食油と灯油を、BDF(Bio Diesel Fuel＝バイオディーゼル燃料)製造の問題点である水処理やグリセリン処理を不要にした。現在、実機が会員の豆腐メーカーで稼動している。これは全国初の本格導入である(重油50％、廃食油30％、水20％、界面活性剤0.4％混合のボイラー燃料を使用)。この1年間の稼動で、エネルギーコストを38％削減し、CO_2を1079t削減するという成果を出した。

　BDFに取り組む生協は多いが、めいきん生協では農水省と愛知県の研究補助金をもらい、開発に取り組んでいる。そして、産直生産者のトラクターのエンジンやハウスの暖房、食品メーカーのボイラーなどに使用できる燃料化装置の開発、家庭から出る廃食油の回収システムづくり、生産者やコープメーカーとのネットワークづくりを進めてきた。愛知県が助成する「菜の花エコプロジェクト」にも参加し、産直生産者による菜の花栽培が2006年から始まり、環境保全への取り組みにも弾みがついている。

⑤亜臨界(水熱反応)処理機による高品位飼料づくりの開発

2007年から環境省の研究開発補助金を得て、3年間にわたる液状飼料開発に取り組んでいる。200度、20気圧という「高温・高圧下」で加水分解させると、たとえばでんぷんはデキストリン（でんぷんの分解物）とブドウ糖に、タンパク質はペプチド（タンパク質の分解物）とアミノ酸に、脂肪は脂肪酸とグリセリンに分解する。この原理を応用して、消化率の悪い飼料や食品循環資源を付加価値の高い液状飼料にする技術開発である。飼料に不向きな食品残渣のメタン発酵も、会員企業で開発中である。また、食品工場からは廃プラスチックも排出される。そこで、廃プラスチックを再資源化する事業のプロジェクトも生まれた。

　このようなさまざまな再生技術が軌道にのると、排出物のほぼ全量の再資源化が可能となり、メリットはきわめて大きい。再資源化された飼料や油が会員間で流通し、循環型の事業システムができあがる可能性が見えてくるからである。

（3）しげんさいせいネットの特徴と課題

　しげんさいせいネットは、広域ではなく地域循環型のネットワークである。こうした地域型のユニットを各地に成立させ、ユニット間で連携していけば、ユニットごとの需給調整や補完機能を果たすことができる。

　メインとなるリキッド飼料は、化石燃料を極力使わず「濡れたものは濡れたままに」をコンセプトに再生することによって、過剰なエネルギーを消費せずに循環を可能にし、結果として低コスト化にもつながる。また、多種多様な複数の企業でネットワークすれば、より価値のある再生品をつくり出し、再生と利用の多チャンネルを形成することで、リアルタイムに効率よく需給バランスがとれる。「利用者のニーズ」の把握から始め、確実な「行き先」を確保すれば、再生と利用を確実なものにできるのである。

　今後の課題としては、会員企業が主体となってさまざまな資源循環事業を構築していくために、さらに多様な事業連携が求められる。その推進には事務局の果たす役割が大きい。そこで、組織内部のネットワークだけで

なく、外部組織とのネットワークを形成する必要が出てくる。すでに、NPO法人バイオものづくり中部、NPO法人東海生物系先端技術研究会、中部異業種間リサイクルネットワーク研究会などとの関係を深め、愛知県の「ゼロエミッション・コミュニティ事業」への参画による実践的な事業化の検討や大学との共同開発などが強化しつつある。

　2007年11月末の時点で、会員数は63(法人57社、個人6人)となった。法人の内訳は、食品メーカー22、収集運搬・中間処理関係12、畜産飼料関係8、流通関係5、生協4、環境資源関係3、農業・農協関係2、機械メーカー1である。豚用の飼料化事業の取扱量(2006年12月～07年11月)は1万2300tになり、バイプロ率約50%と、着実に事業が発展している。

5　バイプロ養豚確立の条件と可能性

　いわゆる「残飯養豚」とは根本的に異なる、品質を重視したバイプロ養豚を確立するには、①畜産飼料に関する生産者の高度な知識が必要である。同時に、②コスト低下のためにバイプロを有効に活用する仕組み、とくに排出者とリキッド飼料製造工場、養豚農家のネットワーク化と、③原料を飼料素材として扱う教育の徹底(とくに産業廃棄物意識からの脱却)がされなければならない。

　また、消費者の製品に関する要求はどんどん厳しくなっており、品質の確保は最重要課題となる。残飯養豚の時代と比べて、バイプロ養豚による肉質には格段の向上が見られ、ロッセ農場や小田急フードエコロジーセンターではよい評価を得つつある。これを社会的に確立したものにしていく努力が、何をおいても重要である。その場合、安全性、品質、消費者のニーズなどをふまえながら、「生産方法、素材、使い方の開発が環境を保全し、廃棄物の増加を抑制するような革新を伴うもの」を、たとえば「環境農産物・循環農産物」といったネーミングとして、総合的な付加価値をアピー

ルしていく工夫もされていいだろう。

　そして、循環の環をうまく回していくには、それぞれの関係主体の利害を調整していかなければならない。利害の衝突が起きれば、社会貢献性の高い仕組みも機能しなくなる。それだけに、しげんさいせいネットのように、利益のみをめざす企業とは異なる中間法人(2008年の公益法人制度改革によって、一般社団法人へ移行することが予定されている)や公益性を重んじるNPO法人のような第三者組織がネットワークの接着剤的な機能を果たすことが肝要だと思われる。その際、異質で多様な組織の利害を一段高い立場から調整し、循環型の持続的社会を創っていくためのネットワークコーディネーターのようなリーダーの養成もまた必要である。

　すでに述べたように、こうした循環の輪は基本的に地域ごとのネットワークが生まれ、それを地域間で補完し合うステムの形成が望ましい。食品循環資源の排出元である食品産業の配置や畜産経営体の位置などによってどのような規模の地域循環圏がいいのかは一概に言えないが、重量物品の移動・運搬コストを最小にする意味からも、地域的なネットワークの形成が重要と思われる。

　三重県では表2に示したように、食品系製造工場からの産業廃棄物の発生量は33.7万t、資源化量は5万t強である。NPO法人三重スローライフ協会は2006年度、経済産業省の「平成18年度環境配慮活動活性化モデル事業―環境コミュニティ・ビジネスモデル事業―」に「食品系未利用資源を活用した養豚向けリキッド飼料化事業」というテーマで応募して採用され、リキッドフィーディング化の検討を行なった。

　三重県内の豚飼育頭数(母豚)は1万1500頭である。そこで、初年度の08

表2　三重県の食品系製造工場からの産業廃棄物の処理実績(2004年度、t)

	食料品	飲料	合計
発生量	246,200	90,800	337,000
資源化量	47,800	2,900	50,700
最終処分量	3,300	200	3,500
未資源化廃棄物	195,100	87,700	282,800
未資源化率	80.6%	96.8%	85.0%

(出典)三重県産業廃棄物実態調査報告書。

年に500頭、飼料製造量年間2000tでスタートし、3年後には2000頭、飼料製造量年間1万tという計画を立てた。現実には養豚場の用地確保が困難になって頓挫しているが、県内養豚農家がすべてリキッド飼料に切り替えた場合、約5万tの製造量になり、現在の資源化量に匹敵する。

このような食品循環資源の受け皿をめざし、将来的には飼料化も視野に入れ、当面は完熟堆肥の製造を行う「みえエコくるセンター」(津市)の開所式が07年7月に行われ、操業が始まった。ここでは、飼料化と堆肥化の連携、未利用資源の地域的利用、資源循環のネットワーク化、食育との連携など、未来へ多くの発信ができる可能性が生まれている。

リキッド飼料は、これまでの固形物だけでなく、飲料系(牛乳、果汁飲料、豆乳など)の再資源化に貢献し、廃水処理施設の負荷を軽減し、水質汚濁の防止につながる。飼料原料の3割が液状物であり、飼料系副産物をそのまま飼料に変換できるために、環境負荷低減効果も大きいと見られている。

最後に、リキッド飼料化事業に向けての今後の課題を整理しておこう。

まず、**表3**は07年8月時点での食品循環資源を用いる飼料化施設数を調べたものである。全国で171という数が、政策的に進められているなかで多いのか少ないのか、にわかに判別しがたい。とはいえ、着実に循環型システムが部分的にではあれ回復しつつあることは読み取れる。

また、**表4**にみられるように、05年度の食品循環資源の発生量1136万tのうち、飼料化割合は21%である。食品製造業や食品卸売業など品質や内容が明らかで、大量かつ安定供給が可能な業態からの飼料への再生利用が、もっと進められてよい。ただし、その

表3 食品循環資源の飼料化施設数

農政局等	事業所数	対象家畜	事業所数
北海道	20	牛	75
東北	20	豚	100
関東	44	鶏	27
北陸	13	その他	18
東海	11		
近畿	21		
中国・四国	8		
九州	29		
沖縄	5		
統計	171		

(出典) 2007年8月、地方農政局などの調査。

表4 食品循環資源の飼料化状況（2005年度）と対応方向

業　種	発生する資源の種類	食品循環資源の発生量（1000 t）	飼料化の割合（％）	肥料化の割合（％）	その他の割合（％）	飼料化の考え方
食品製造業	米ぬか、米麺粕、パンくず、豆腐粕、菓子くず、醤油粕、焼酎粕、ビール粕など	4,946	37%	37%	27%	品質、内容が明らかで、大量に安定供給されることから、飼料への再生利用を促進
食品卸売	精製残渣、倉庫余剰品など	744	28%	26%	46%	
食品小売業	調理くず、食べ残し、廃食用油、回収弁当など	2,629	9%	13%	78%	異物混入、品質劣化、栄養成分のばらつきなどがあり、分別と衛生的管理が必要。品質、供給面での安定性を確保し、飼料利用を促進
外食産業	調理くず、果物の皮、茶粕、食べ残し、腐敗した食品など	3,043	3%	7%	90%	
計		11,362	21%	23%	57%	

（出典）農林水産省統計部「平成17年食品循環資源の再生利用等実態調査結果」。

ためには法的誘導だけでは不十分である。利益追求する組織ではなく、循環利用のネットワークを形成し、関係者の利害を調整していくしげんさいせいネットのような社会貢献的な事業体が、ぜひとも必要である。

　近代化によって細分化され、部分だけの効率化を図ってきたシステムを現代的な循環のシステムに組み替えていくことは、決して容易ではない。しかし、近代化システムがわずか一世紀も経ずして破綻状況にある現状からすると、このような新しい地域的・総合的な循環型のシステムづくりに挑戦していく意味は大いにあるといえよう。

1）2007年6月13日に公布され、12月1日から施行された食品リサイクル法改正案のポイントは、次の3点である。①食品関連事業者に対する指導監督の強化。すなわち、食品廃棄物等の発生量が一定規模以上の食品関連事業者（多量発生事業者）に対して発生量・再生利用等の状況の定期報告を義務づける（第

9 条)。また、フランチャイズチェーン事業を展開する食品関連事業者であって、一定の要件を満たすものについては、加盟者の食品廃棄物等の発生量を含めて定期の報告を義務づける（第 9 条・第 10 条）。②食品関連事業者が行う再生利用などの取り組みの円滑化。すなわち、食品廃棄物を原材料とする肥飼料を利用して生産される農畜水産物等の食品関連事業者による利用の確保を通じて食品産業と農林水産業の一層の連携が図られる場合には、主務大臣の認定により（第 19 条）、荷積みを含めた食品廃棄物の収集または運搬について、一般廃棄物に係る廃棄物処理法の許可を不要とする（第 21 条）、③その他、食品関連事業者は、再生利用が困難な場合に「熱回収」を行うことができる（第 1 条）。具体的には、塩分を多く含んで飼料に向かない場合や、一定のエネルギー効率が得られる場合などが想定されている。（「食品リサイクル法の見直し調査」『調査と情報』583 号、国立国会図書館、http : //www.kankyobu.com/news/recycle.htm#2 を参照）。

2) 三重県南牟婁郡御浜町(みはま)の農事組合法人・尾崎畜産御浜ファームは、おから発酵飼料の乳牛への給餌を 1980 年代後半から続けている。搾乳部門はホルスタイン牛 1300 頭で、牛乳生産量日量 33 t、年間約 1 万 2000 t。48 頭同時搾乳のロータリーパーラーを使用して、一日 3 回搾乳している。1955 年に 1 戸で発足し、数戸の共同経営を経て、86 年に農事組合法人御浜ファームを設立。2002 年に第二牧場牛舎が完成し、ロータリーパーラー、フリーストールによる乳牛・肉牛の経営を開始する。食品副産物のビール粕は当初から使っていたが、焼酎増加の影響で減産になったのを機に、おからに転換し、現在はおからの発酵飼料が中心である。おからを中心とした食品副産物利用の畜産では、全国一とみなされている。副産物処理の現場は企業秘密という理由で見られなかったが、廃材利用のボイラー施設や膨大な堆肥の販売や敷料への利用など、まさに循環型畜産の先端を走っている。

3) 本項の記述は基本的にしげんさいネットの野々康明氏の分析と文章に、野々氏の許可を得て大原が修正と付加を行なったものである。

〔参考文献〕

社団法人畜産技術協会「平成 14 年度畜産新技術実用化対策事業報告書リキッドフィーディング実用化」2003 年 3 月。

全国食品残さ飼料化行動会議・社団法人配合飼料供給安定機構「食品残さの飼料化（エコフィード）をめざして―指導者（アドバイザー）育成のための資料―」2007 年。

畜産総合研究センター企画調整部経営調査室「養豚における食品製造副産物を用いたリキッドフィーディングの経済的評価」試験研究成果普及情報。

配合飼料供給安定機構「食品残さの飼料化をめざして―方向づけ（座談会）と先進的な事例―」『平成 14 年度有機性資源広域飼料化推進事業報告書』2003 年。

林田邦弘・大原興太郎「生物系廃棄物循環利用の現状と課題」『農林業問題研究』第 36 巻第 4 号、2001 年、161〜166 ページ。

第❻章　環境調和型生産を指向した農業技術

江原　宏

1　建設業と農業の循環可能性

　建設業界においても、2002年に建設リサイクル法(建設工事に係る資材の再資源化等に関する法律)が施行されるなど循環型社会への法整備が進んできた。また、建設排出物は産業界全体の排出量の多くを占めており、今後もその量が増えると予測されていることから、有効な利用法の確立が求められている。

　廃棄物の再資源化と活用に向けた取り組みの一つとして、廃棄された瓦を剪定枝葉やウッドチップ堆肥など有機物と混合して農業生産に利用し、土壌構造を改善しようとする試みがある。土壌への瓦材の混入によっては、透水性が向上するという結果が得られている(渡邊晋生私信)。さらに、和風建築において瓦の土葺きに用いた土を家の建て替え時に回収して、生産現場で用いようとする取り組みも行われている(波夛野豪私信)。

　これらのほかにも、建設業においては不要となったさまざまな資材の利活用が望まれている。住宅などに用いる窯業系サイディング材(主原料としてセメント質原料および繊維質原料を成型し、養生・硬化させたもので、建物の外装に用いられる)もその一つである。窯業系サイディング材は新築時の成型にともない端材が多量に発生し、その量は個人住宅で1軒あたり約500 kg、全国で年間約20万tと見積もられている。こうした端材は回収後、ごく一部

が新たなサイディング材の成型時に利用されるほか、最近では保水環境セラミック材(吸水、保水、通気にすぐれた植物育成用の鉢やセラミックビーズあるいは植物を生やせるタイル)として再成型されている例もある。とはいえ、多くは活用されていない。

窯業系サイディング材の主成分はケイ酸とカルシウムであるから、端材を植物生産に活用し得る可能性がある。現在、水稲栽培においては、ケイ酸質肥料の施用が一般的となっており、稲体の生育健全化や収量増加に貢献すると考えられている。どのようなメカニズムでケイ酸質肥料の効果が現れるのかについては必ずしも明確にされていないが、水稲はケイ酸を多量に吸収するケイ酸植物であり、葉身の直立化に伴う受光態勢の改善、気孔開度の調節を通じた過剰蒸散の抑制などによる光合成促進効果、稲体の物理的強化を通じたいもち病などへの耐性および耐倒伏性の向上などの効果が知られてきた。

ケイ酸を多く含むと、葉からの蒸散が抑制されて、葉中の水分量が多く保持される。したがって、気孔の開度が大きく、炭酸ガスがよく取り込まれ、光合成が促進する場合がある(表1、表2)。このほか、葉が厚くなって物理的に強度を増すので、葉が垂れずに直立し、稲株の下のほうの葉まで光がよく届くことも関係している。

窯業系サイディング端材がケイ酸カルシウム資材として作物栽培や植物育成へ応用できるならば、資源の有効活用による建設廃棄物排出量の削減

表1　ケイ酸供給日数を変えたイネの炭酸ガス同化量の比較

ケイ酸供給日数	0	5	10	15	20
炭酸ガス同化量	\multicolumn{5}{c}{$^{14}CO_2$ 10^6cpm}				
植物あたり	106.7	112.8	118.4	129.0	141.7
（相対値）	(100)	(106)	(111)	(121)	(133)
葉面積 1cm²あたり	0.90	0.90	0.91	0.92	0.91

(注)ケイ酸を欠除した水耕液でイネを育て、午前9時から午後3時まで、照度5万ルクス以上で炭酸同化を行わせた。
(出典)高橋栄一『ケイ酸植物と石灰植物』(農山漁村文化協会、1987年)より改変。

表2 ケイ酸がイネの蒸散量に及ぼす影響

	培養中の ケイ酸濃度 (ppm)	7月26日(晴) 分げつ盛期		9月6日(晴) 登熟期	
		(ml)	相対値	(ml)	相対値
ポットあたり蒸散量	0	94	100	375	100
	5	84	89	315	84
	20	85	90	330	88
	60	85	90	315	84
	100	77	82	300	80
新鮮重1gあたり蒸散量	0	4.5	100	5.1	100
	5	3.8	84	4.2	82
	20	3.8	84	4.2	82
	60	3.7	82	3.9	76
	100	3.3	73	3.6	71

(注)24時間あたりの蒸散量。
(出典)表1に同じ。

が可能となる。さらに、収量の増加や耐病性付与の効果が期待できるならば、化学肥料や農薬の減量化やコスト削減にもつながると考えられる。こうして建設業と農業や植物産業という産業界の枠を越えた資源循環の取り組みが具体化されるならば、持続的生産システムを基本とした循環型社会の構築に向けた一つのモデルになり得よう。

　本章では環境調和型生産を指向した農業技術開発の事例として、パルプ繊維を多く含んだケイ酸カルシウム資材である窯業系サイディング端材を粉砕した試料(以下SD材)の施用が水稲と大豆の生育や収量に及ぼす影響を調査した結果について述べる。

2 パルプ入りケイ酸カルシウム資材の施用が水稲の生育に及ぼす影響

　ケイ酸が水稲の健全な生育と安定収量の確保に大きく寄与することは広く知られている[1]。これは、先にあげた以外にも、葉の老化に伴うクロロフ

ィル含量の減少の抑制[2]、同化葉面積の増加[3] などによる光合成効率の向上が大きな要因と考えられる。光合成効率の向上は、乾物生産量の増加、鉄過剰症の回避[4]、耐肥性の向上[5] にもつながる。耐肥性の向上はアンモニア同化に必要な光合成産物の供給がケイ酸添加により増加するためであり、集約的な多肥栽培をしている日本などでは大きな意味をもつ[6]。また、鉄の過剰症の回避は、地上部から根部への酸素供給が潤沢になり、根の酸化力が旺盛になることによるといわれる[7]。

ケイ酸が水稲の生育に及ぼす影響の正の影響は良好な生育条件では明瞭でないが、水分ストレス[8]、日照不足[9]、高温や低温[10] に対して被害を軽減する効果をもつ。また、耐病性や耐倒伏性の向上についても気象条件が悪いときに実際的な効果として現れる[11]。ケイ酸は土壌に多量に存在するが、その多くが不可給態、すなわち植物に取り込まれにくい形である。

現在、水稲へのケイ酸肥料の施用は一般的になっており、鉱滓を原料としたケイ酸質鉱滓肥料が広く用いられているが、その肥効は資材によって大きく異なる[12]。三枝正彦らは、石英、生石灰、セメントを原料に生成し軽量壁材として用いられる化合物について、ケイ酸資材としての実用性を調査し、効果を確認している[13]。しかし、このように壁材を別用途で有効に利用しようとする研究は少ない。著者の研究グループでは、住宅の外壁材としての強度を増すためにパルプ繊維と鉱物繊維や鉱滓を混入したケイ酸カルシウム資材を対象として、その活用方法について検討している。

表3に、市販のSD材を粉砕して水を加え直径2 mm程度に造粒したもの(SiO_2 24%、CaO 24%)と、土づくり肥料として一般に普及しているケイカル肥料(ケイ酸と石灰を主成分とし、この他に苦土を含む:SiO_2 28%、CaO 40%)を300 g/m^2相当施用し、1/2000 aワグナーポットで栽培した水稲(コシヒカリ)の籾収量を、対照区を100として相対値で示す。土壌は、三重大学生物資源学部実験圃場内の水田土壌(第三紀

表3 SD材の施用が水稲の収量に及ぼす影響(ポット栽培)

試験区	2002年	2003年	2004年
ケイカル	103	88	99
SD材	120	98	107

(注) 対照区を100とした相対値。

層黄色土)を用いた。

　3年間の試験では、年度によって効果の程度は異なるものの、SD材の施用はケイカル施用と同等かそれ以上の効果が期待できることが示されてい

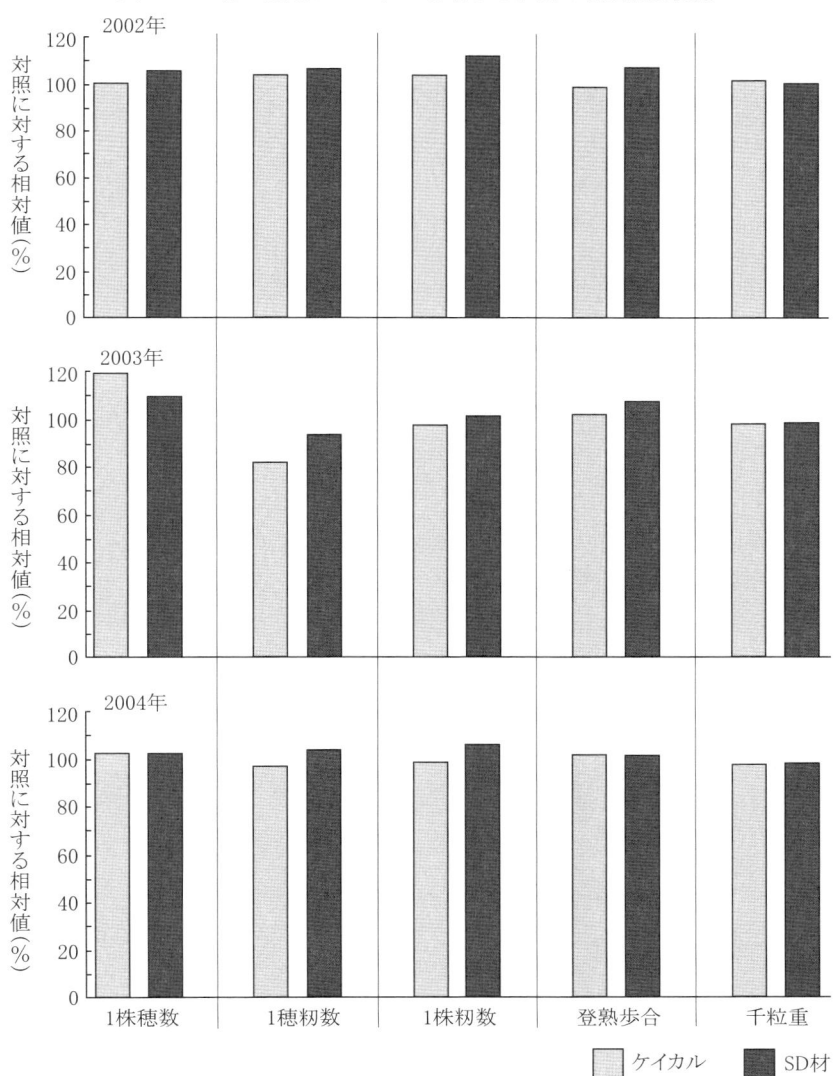

図1　SD材を施用してポット栽培した水稲の収量構成要素

る。3反復で行なった試験区間の差が統計的に有意であったのは、2002年のみである。収量に差がみられたのは、統計的には有意でないもののSD区で収量構成要素のうち1株穂数、登熟歩合が大きい傾向にあったことによる(図1)。対照に比べて03年、04年は1穂籾数が多く、これらの違いによる影響のほうが大きかったが、いずれにしても1株籾数の違いが収量差に反映している。

SD材を施用して1週間後の土壌pHの変化を表4に示した。SD材の施用で土壌pHが1近く上昇し、酸性度が中性に近くなっており、pHの変化の程度はケイカル施用よりも大きい。

表4 SD材の施用が土壌pHに及ぼす影響（ポット栽培）

試験区	2002年	2003年	2004年
対照	5.91±0.08	5.58±0.06	5.34±0.08
ケイカル	5.97±0.09	5.96±0.09	5.70±0.09
SD材	6.51±0.15	6.67±0.38	6.25±0.29

(注) 平均値±標準誤差(10反復)。

図2にはSD材添加土壌の可給態ケイ酸含量を示したが、ケイカル添加に比べて可給態ケイ酸含量、すなわち植物体が利用しやすい形のケイ酸の量が高まっている。また、図3には収穫したときの稲体の部位別ケイ酸含有

図2 SD材添加土壌の可給態ケイ酸含量(2002年)

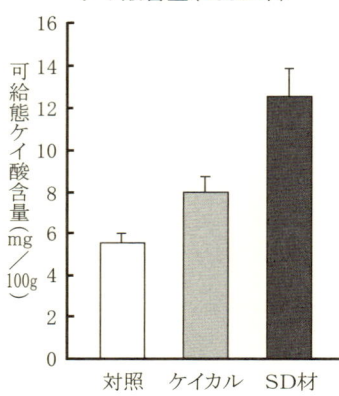

(注) 湛水静置・モリブデンブルー比色法、乾土100gあたり。平均値±標準誤差(3蓮)。

図3 収穫時の部位別ケイ酸含有率(2002年)

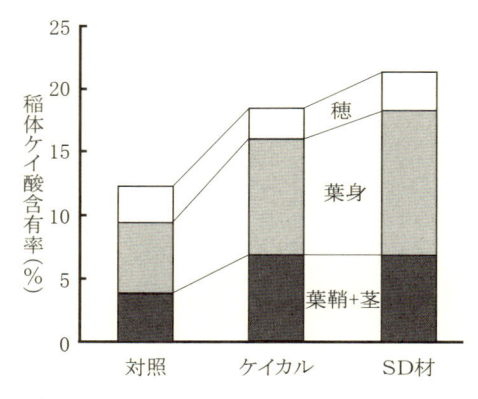

(注) 硫黄分解・重量法。

率を示した。茎部(葉鞘+茎)ではケイカル施用とSD材施用で同程度に高くなっており、葉身部ではケイカルよりもSD材施用で高い傾向がみられたが、穂では試験区間に大きな差は認められなかった。

ケイ酸は植物に吸収された後、蒸散の流れによって水といっしょに導管の中を上昇し、茎や葉や穂に運ばれる。そして、水分が体表面から大気へ去るときに取り残されて集積する。一般に、地上部の葉身や籾殻などの蒸散の盛んな器官でケイ酸含量が高くなるが、ここでの実験でも、その傾向は確認され、とくに葉身での高まりが顕著である。

表5には異なる圃場条件でSD材を施用した場合の水稲の籾収量を示したが、年度や品種により傾向が異なった。

表5 SD材の施用が水稲の収量(kg/10 a)に及ぼす影響

年度	コシヒカリ		山田錦	
	対照	SD材	対照	SD材
2003年	478.5±34.4	448.9±20.1	410.3±22.9	432.5±46.2
2004年	366.7±40.9	482.6±15.6	401.9±1.8	424.7±6.8
2005年	379.0±9.4	337.0±15.4	471.0±28.2	428.4±10.8

(注)平均値±標準誤差(3反復)。

2003年はコシヒカリではSD材施用でやや少なく、山田錦では逆にやや多かったが、統計的に有意な差ではない。04年は両品種ともSD材施用で有意に増収し、05年は両品種ともSD材施用で少なかった。04年は夏季が記録的な高温年であったことを考えると、前述のように生育環境が厳しい条件でケイ酸カルシウム資材の施用効果が認められたと理解できる。

図4には3年間の収量構成要素を示した。SD材施用で2003年に山田錦が増収傾向にあったのは登熟歩合が高まっていたためであり、04年のコシヒカリは1穂籾数が多かったこと、山田錦は登熟歩合が高まったことによる。関連して、図5に出穂期直前の稲体の全窒素含有率を示したが、両品種ともSD材施用で高い。これは、先のポット試験の結果で示したように、SD材の施用によって土壌pHが上昇し、植物体に利用可能なアンモニア態窒素が増えたことが影響したと考えられる。

なお、本田での栽培前と収穫後の土壌可給態ケイ酸含量を図6に示したが、これも両品種ともSD材施用のほうが収穫後も高く維持されていた。ま

図4　圃場条件下でSD材を施用した水稲の収量構成要件

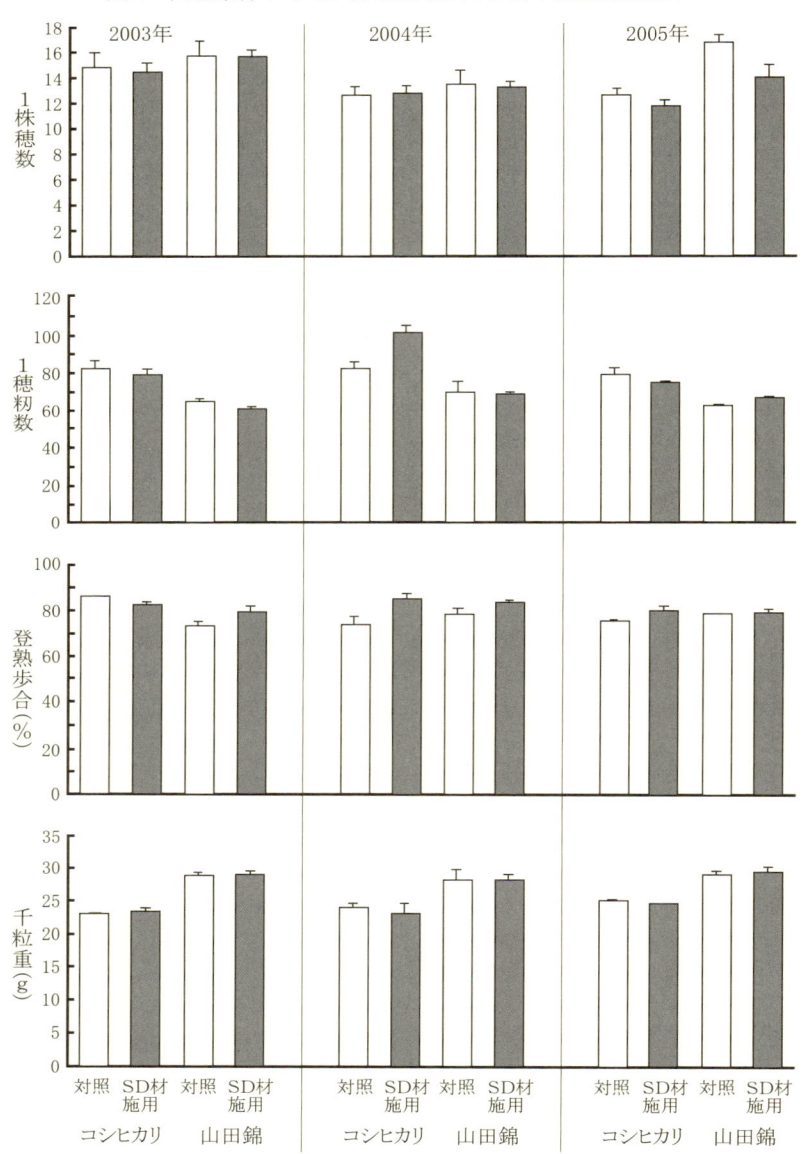

(注)平均値±標準誤差(3反復)。

図5 出穂前の稲体の全窒素含有率（2003年）

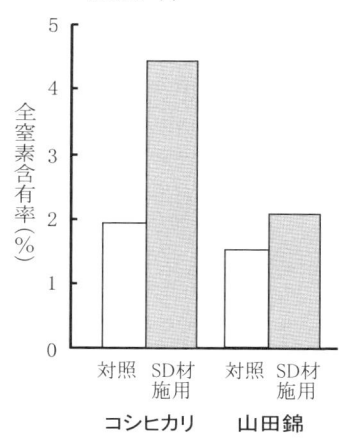

図6 栽培前と収穫後の水田土壌の可給態ケイ酸含量（2003年）

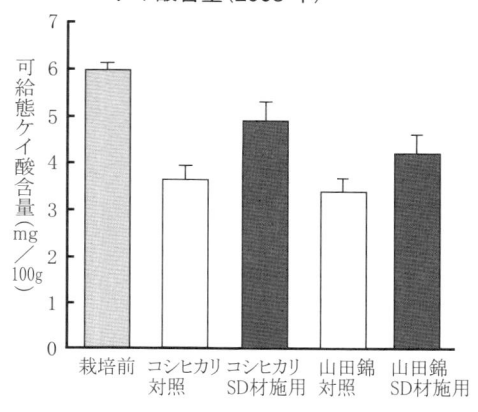

た、稲体の部位別ケイ酸含有率をみても、生育期間を通じて両品種ともSD材施用で高くなっている（表6）。このような稲体のケイ酸含有率の向上は、物理的な剛性、すなわち葉の硬化をもたらし、病害虫への抵抗性を高めると考えられる。実際に稲体のケイ酸含有率は、表6に示すようにSD材施用の場合、葉身と茎（厳密には茎＋葉鞘）で明らかに高まっている。そこで、次にいもち病を接種した場合の感染程度の調査を試みた。

表6 稲体の部位別ケイ酸含有率の推移（2003年）

		対 照				SD材施用			
		葉身	茎＋葉鞘	根	穂	葉身	茎＋葉鞘	根	穂
コシヒカリ	7月23日	5.73	5.56	11.37	—	6.98	6.00	13.05	—
	8月6日	5.55	6.03	10.70	3.95	7.74	8.26	10.17	3.03
	収穫後	8.23	7.94	—	2.62	12.31	9.03	—	3.10
山田錦	7月23日	6.22	4.73	4.36	—	9.20	8.48	10.79	—
	8月6日	6.45	5.05	8.02	4.29	7.50	6.82	5.23	6.27
	収穫後	9.40	6.63	—	2.52	13.61	9.67	—	4.35

3 病害感染に及ぼす影響

図7に、1/2000 a ワグナーポットで栽培したコシヒカリの止葉を対象として、出穂期にいもち病菌を接種して、単位葉面積あたりの病斑数と病斑面積率を示した。SD材を施用した個体では、対照やケイカル施用に比べて病斑数が少なく、病斑面積率についてはSD材施用、ケイカル施用、対照の順に小さい。

図7 SD材を施用した水稲の止葉に接種したいもち病の感染程度
(2003年、ポット栽培、出穂期)

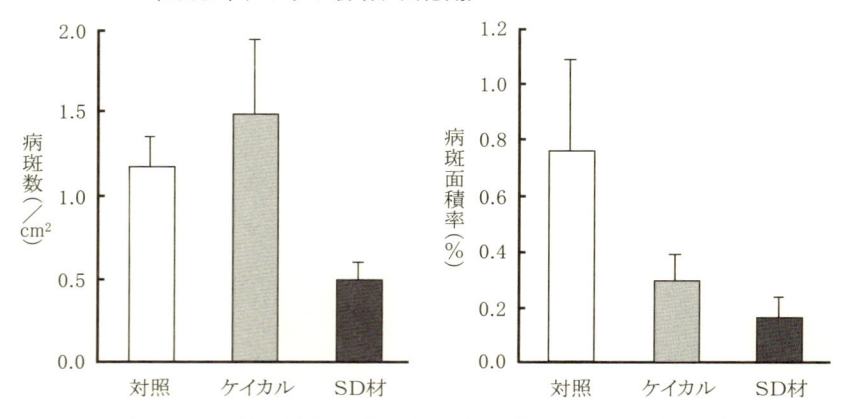

そこで次に、SD材の施用が苗いもち病の感染にどのような影響を及ぼすのかについて調査した。ここでは比較のために、苗箱への施用で効果があるとの報告[14]もあるシリカゲルを用いた試験区も設けた。その結果、SD材施用ではシリカゲル施用の場合よりも罹病率(100個体あたりの罹病苗数として調査)は大きく減少した(表7)。

表7 SD材の施用が苗いもち病の感染に及ぼす影響

	試験区	罹病率(%)
対照	(粘土培土 75 g)	50.5
シリカゲル	(1.4 g／培土 75 g)	42.8
SD材	(1.5 g／培土 75 g)	4.3
SD材	(3.1 g／培土 75 g)	2.6

(注) 100個体あたりの罹病苗の割合。

その傾向はSD材の施用量が高まるほど顕著である。

これらのことから、パルプ繊維を含むケイ酸カルシウム資材の施用によって、耐病性が付与されることが示された。イネでは、いもち病菌の進入部位にケイ素が集積するという報告もあり[15]、物理的な障壁としての役割を果たしていると理解される。ただし、ケイ素を処理したキュウリにうどんこ病菌を接種すると、抗菌性物質が生成されたとの例もあり[16]、SD材施用においても生理的にも抵抗性が誘導されていることも考えられよう。

4　産業の枠を超えた資源の有効活用

以上のように、窯業系サイディング材の端材を植物生産に応用することで、廃材とせずに再資源化できる可能性が示された。気候温暖化に伴う気象変動によって、作物の生産量や品質の変動が問題となっているなかで、生産の安定化や健全植物の育成にも役立つものと考えられる。また、当該材を再成型して、鉢やビーズなどの植物育成資材、あるいはタイルなどの植物定着資材として、オフィス緑化や屋上・壁面緑化などに活用すれば、殺菌剤や殺虫剤などの農薬が使えない場所での植物の健全育成に向けた一助ともなろう。

いずれにしても、このように産業の枠を超えて資源を有効に活用するための基盤技術を確立することが、持続的社会の実現に向けて急務となっている。

1) 三枝正彦・山本晶子・渋谷暁一「多孔質ケイ酸カルシウム水和物のケイ酸資材としての実用性と水稲ケイ酸栄養の改善効果」『日本土壌肥料学会誌』第69巻、1998年、612〜617ページ。
2) 東江栄・縣和一・窪田文武・P. B. Kaufman「水稲の光合成・乾物生産に対するケイ酸の生理的役割」『日本作物学会紀事』第61巻、1992年、200〜206ページ。

3) 松尾孝嶺責任編集『稲学大成（第2巻）』農山漁村文化協会、1990年、321～331ページ。
4) 前掲1）。
5) 早坂剛・藤井弘志・安藤豊・生井恒雄「イネ苗いもちのケイ酸資材シリカゲル育苗土混和による発病抑制」『日本植物病理学会報』第66巻、2000年、18～22ページ。前川和正・渡辺和彦・神頭武嗣・相野公孝・三枝正彦「イネ葉いもちの発病抑制に及ぼす水溶性ケイ酸の影響」『日本土壌肥料学会誌』第74巻、2003年、293～299ページ。
6) 前掲1）。
7) 奥田東・高橋栄一「作物に対するケイ酸の栄養生理的役割について（第6報）」『日本土壌肥料学会誌』第33巻、1962年、59～64ページ。
8) 前掲2）。
9) 岡本嘉「水稲におけるケイ酸の生理学的研究（第9報）」『日本作物学会紀事』第38巻、1969年、734～751ページ。
10) 三枝正彦・山本晶子・渋谷暁一「多孔質ケイ酸カルシウム水和物のケイ酸資材としての評価」『日本土壌肥料学会誌』第69巻、1998年、576～581ページ。
11) 前掲1）。
12) 前掲1）。
13) 前掲1）。
14) 前掲5）。
15) 前川和正・渡辺和彦・相野公孝・岩本豊「各種ケイ酸資材施用による育苗期のイネいもち病の発病抑制」『日本土壌肥料学会誌』第72巻、2001年、56～62ページ。
16) Fawe, A., M. About-Zaid, J. G. Menzies and R. R. Belanger, "Silicon-mediated accumulation of flavonoid phytoalexins in cucumber", *Phytopathology,* Vol.88, 1998, pp.396-401.

第❼章　持続的農業を志向する農業環境政策の枠組み
—EU における新たな政策が農業経営に与える影響—

内山　智裕

1　持続的農業の普及をめざして

　農業の持続的発展は、あらゆる国の農業・農政がかかえる課題である。持続的農業を実現するための具体的ツールは、農業の持続性を担保する技術とそれを具現化する経営であり、技術と経営が車の両輪となることが必要条件となる。

　持続的農業の実践のためには、農業経営者が持続的技術を採用する必要がある。そのプロセスとしては、環境規制などを用いてめざすべき方向へと誘導していく方法、経営者自身が倫理観や社会的責任に基づき独自に採用する方法などが考えられる。環境規制に関して言えば、日本でも持続性の高い農業生産方式の導入の促進に関する法律(持続農業法)に基づき、土づくり技術、化学肥料使用低減技術、化学合成農薬使用低減技術などを一体的に導入する農業者を「エコファーマー」として認定し、金融・税制上の支援を行う施策や、農業生産活動規範(環境規範)の策定などを通じて、持続的農業の普及に向けた取り組みが行われている。

　とはいえ、日本は欧米諸国、とくに EU と比較して持続的農業普及への取り組みが遅れているとしばしば指摘される。日本は、欧米と比較して農地面積が小さいうえに、火山灰土壌が広く分布し、高温多湿で病害虫・雑草の発生が多いという条件のもとで農業が営まれている。そのため、欧州な

どで展開されている有機農業や適正環境規範の概念を直接輸入して実行するのが困難であることが、取り組みが「遅れている」理由とされる。

しかし、その一方で、EUの持続的農業への取り組みを、その結果だけを見て賞賛することは一面的である。日本における持続的農業の普及という観点からすれば、個々の農業経営が直面する経済・社会条件から持続的農業の普及条件を精査することが重要である。

そこで本章では、農業経営者が持続的技術を採用するインセンティブとして政策・規制に注目し、EUにおける持続的農業普及のための政策状況と、個々の農業経営が直面する財務構造を分析していく。それをとおして、持続的農業技術の普及に果たす政策の役割について考察したい。

2　農業経営者と技術・市場・政策の関係

農業経営者が持続的技術を採用するインセンティブとして考えられるのは、経営者自身の倫理観(Business Ethics)、経営としての社会的責任(CSR=Corporate Social Responsibility)、規制(Regulation)である。

近年、社会一般に認知度が上がっているキーワードとしてCSRがあげられる。それは、①企業活動のプロセスに社会的公平性や環境への配慮を盛り込むこと、②ステークホルダー(利害関係者)に対して説明責任(Accountability)を果たすこと、および③上記2点を通じて経済的パフォーマンス・社会的パフォーマンス・環境的パフォーマンスの向上をめざす活動(Triple Bottom Line)を指す。企業は株主の利害のみを反映するのではなく、さまざまなステークホルダーの利害を反映した社会的な存在であることを実践する取り組みである。CSRを標榜しているのはおもに大企業だが、地域社会に根ざし、自然環境に直接的な働きかけを行う農業経営にとっても重要な概念である。

日本における農業経営および農業経営者が想定すべきステークホルダー

を表1にまとめた。農業経営にとっては、労働者、消費者、サプライヤー、地域社会、環境の5つがあげられる。これ

表1 農業経営者のステークホルダー

利害関係者	従　　　来		新たな展開
労働者	家族員	あうんの呼吸	家族協定・外部雇用
消費者	不明	顔の見えない関係	食の安全・安心
サプライヤー	農協	「農家は売ることは考えない」	農協離れ
地域社会	解体	経済開発優先	地域貢献、NPO
環境	負荷	環境対策はコスト	ISO、環境保全型農業

らに対する従来の対応は、次のようなものであったと考えられる。

①労働力としては家族労働力のみを想定すればよく、家族員同士はあうんの呼吸で通じるため、彼らの「利害」を考慮する必要はなかった。

②フードシステムの高度化によって農産物の生産現場から消費者までの距離が大きく伸びたため、農業経営者にとって消費者は遠い存在であり、彼らの「利害」を収集しにくい。

③サプライヤーとしては農協の存在が大きく、農業経営者は資材の調達や農産物の販売よりも生産に傾斜する傾向があった。「農家は売ることは考えない」という意見が農業経営者から聞かれることもしばしばである。

④土地の不可分性、移動不可能性を特徴とする農業では、地域社会との関係が本来的に重要である。だが、これまでの農業経営者は、農地の転用への期待、廃材の放置など経済性を優先させていたため、地域社会との関係はむしろ希薄化する方向に動いていた。

⑤環境に関しても、大量の農薬使用など環境保全が重視されてきたとは言いがたい。

このように、従来の農業経営者はステークホルダーを意識する必要性が低かったといえる。しかしながら、近年の農業および農業経営を取り巻く状況の変化は、以下のように、農業経営者にステークホルダーをより意識させる方向へと導いている。

①従来の家族経営とは異なるタイプの農業経営の出現

ひとつは、家族労働力ではなく、外部からの雇用を行う雇用型農業経営の出現である。もうひとつは、家族労働力にもっぱら依存する経営であっても、「家族員だから一枚岩」はもはや通用しない。家族経営協定などを活用して、家族経営をひとつの組織とみなす必要が生じている。
②食の安全・安心への関心の高まり
　これに対応して、トレーサビリティ制度の導入や地産地消運動など、消費者が生産者を特定できる制度や生産者と消費者が顔の見える関係を構築する運動が発展してきた。農業経営者は、消費者をより強く意識した経営を行うことを求められている。
③大規模経営を中心に進む農協離れ
④NPO 活動や地域貢献活動など、地域社会の維持および活性化に向けた農業経営者に対する期待の高まり
⑤有機 JAS 規格やエコファーマー制度、環境 ISO の取得など、環境保全型農業への国民の期待の高まり
　このように、ステークホルダーを意識した CSR 経営は農業と無縁のものでは決してない。これからの農業経営者が強く意識しなければならないキーワードとなっている。
　ただし、現実の農業経営がステークホルダーの要求に応えていくためには、以下の 2 点が必要となる。第一に、多様なステークホルダーの要求の的確な把握である。そのためには、当然ながら情報収集が不可欠となる。第二に、ステークホルダーの要求に応えていることの社会へのアピールである。とくに情報収集は、大企業ならば個別対応が可能でも、個々の農業経営が行うのはコストの面からも非常にむずかしい。
　P. F. Drucker は、一般企業における情報収集管理について、既存の企業はもっぱら「内部情報」の収集に専心しており、「外部情報」の収集が遅れていると指摘する[1]。ここでいう「外部情報」とは、「市場」「技術」「消費者(非顧客)」から構成されるという。一方、M.Winter らは、環境問題、動物福祉、食の安全性など、現代の農業経営者はさまざまな事項に対処する必

要があり、必要な情報は「市場」「技術」および「政策」から構成されると述べる[2]。両者の議論を図1に整理した。

両者の議論は、必要な情報として市場と技術を指摘している点で共通し

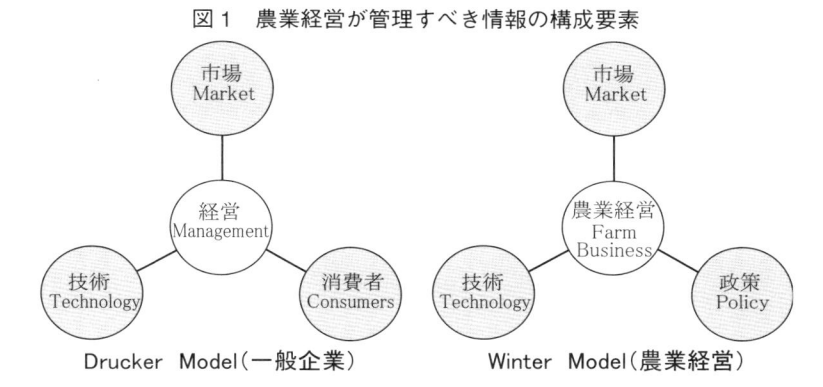

図1 農業経営が管理すべき情報の構成要素

Drucker Model（一般企業）：市場 Market／経営 Management／技術 Technology／消費者 Consumers

Winter Model（農業経営）：市場 Market／農業経営 Farm Business／技術 Technology／政策 Policy

ている。一方で、第三の構成要素として、Druckerモデルでは消費者、Winterモデルでは政策が取り上げられている点が異なる。この違いを説明するのは、経営者の情報収集コストの負担能力であると考えられる。

一般企業では消費者情報の収集コストを企業ごとに負担可能であると想定されるのに対し、農業経営では各経営が消費者情報の収集にコストを支払うことができない。そこで、政策の媒介によって、各経営は消費者情報を間接的に得られる。また、技術に関しても、農業では公的機関による技術開発と普及が伝統的に行われてきており、政策の介在余地は大きいといえる。以上の論点から持続的技術と農業経営の関係を眺めれば、農業経営の持続的技術採用に際しても政策の与える影響は少なくない。

3 農業経営と農業環境政策——EUを事例として

EUは、環境保全型農業を政策的に推進していることで知られる。1992年の共通農業政策(CAP)改革によって価格支持政策から直接支払い政策への

路線変更が行われ、その後の政策改訂でも堅持されている。

　直接支払いの目的としては、農家の所得補償から農村振興および環境保全に重点が移されてきた。2005年から新たな直接支払い制度として実施されている単一支払い制度(Single Payment Scheme)でも、支払い要件として、環境や景観の保全に留意した営農行為、いわゆるクロス・コンプライアンスが求められている。また、有機農業や土壌保全型営農など、より環境に配慮した営農を行う者に対して追加の支払いプログラムを創設するなど、持続的農業の確立に向けEUは政策的リーダーシップを強く発揮してきた。

　しかしながら、これらの政策プログラムのみを評価して、EUが環境保全型農業・持続的農業の先進ケースだと論じることは一面的である。これらの政策プログラムをメニューとして示されている農業経営者がどのような財務状況に置かれているのかを、別途検討しなければならない。

　そこで、本節ではEUの農業環境政策について概観し、次節で農業経営が置かれている財務状況と政策の果たしている役割について考察する。なお、EUの共通農業政策は、原則としては加盟各国で共通であるが、詳細は国により異なる。そこで本章では、イングランドにおける実態を明らかにする。

1）イングランドにおける単一支払い制度(SPS)の概要

　英国農業は、安全・健康・栄養価の高い食料の生産、田園地方の維持管理、農村経済への貢献といった重要な役割を果たしている。だが、これらの機能と、市場価格支持と生産調整をセットとする従来の共通農業政策とが整合的であったとは、必ずしもいえない。

　単一支払い制度は、農業経営者の自由度を高めることによって農業の競争力を高め、景観や生物資源の適切な管理に対する報酬を支払う枠組みを導入することで農業が本来果たすべき機能をより高く発揮できるよう意図するものである。原則として、農場・農地の利用権を一年のうち10カ月以上保持する、いわゆる「10カ月ルール」を満たす農業経営者が、その対象となる。10カ月以上とされているのは、放牧型の畜産経営が一年のうちで

1～2カ月のみ牧草地を借り入れるケースが少なからずみられることから、ある農地・農場の受給権をもつ者を明確にするための措置である。haごとの単価に制度の対象となる面積を乗じた額が支払われる。参加義務はなく、農業経営者の自由意志に基づく。

英国政府が暫定的にあげている支払い水準を表2に示した。ここでSDA (Severely Disadvantaged Areas)とは、従来の条件不利地域(LFAs＝Less Favoured Areas)約221万haの一画を構成する地域で、約162万haに及ぶ。また、ムーアランドとは、「おもに半自然の高原植生からなる土地もしくは半自然の高原植生と露出岩体から成り立つ土地で、主として粗放牧が行われているところ」と定義され、約

表2 単一支払い制度の支払い水準（フラット概算）

	haあたり支払い水準
ムーアランドSDA	20～40ポンド
非ムーアランドSDA	110～130ポンド
非SDA	210～230ポンド

(注) 1ポンド＝200～240円。
(出典) Defraホームページ。

80万haが含まれる。SDA(条件不利地域)における単価水準が低いのは、部門の違いに加えて、これらの地域では引き続き条件不利地域支払い(Hill Farm Allowance)が受給できるからである。

また、表3に移行措置を示した。ここで「フラット」とは、2005年以降7年間の直接支払いルールを説明する用語である。従来、農業経営者はさまざまな形で直接支払いを受けていたが、haごとに定額を支払う単一支払い制度は、文字どおり「フラット」な(＝定額の)支払いを意味する。しかし、この改革によって受取額が減少する農業経営者も発生する。そこで移行措置として、農業経営者個々の補助金受給実績(2000～02年の平均)を「実績部分(historic)」として、05年は「実績」90％、「フラット」10％の割合で支給

表3 単一支払い制度の移行措置

年	2005	2006	2007	2008	2009	2010	2011	2012
フラット(％)	10	15	30	45	60	75	90	100
実績(％)	90	85	70	55	40	25	10	0

(出典) 表2に同じ。

し、12年までに「実績」割合を徐々に低減させ、「フラット」に一本化していくスケジュールが示された。

さらに、大規模農業経営者に対しては、モジュレーション(modulation)と呼ばれる、一農場あたりの単一支払い制度の受給制限が設けられている。これは、受給額が5000ユーロを超えた場合、超過分の一定割合が控除される仕組みである。表4に示すように、控除割合は徐々に引き上げられる予定である。控除分は、農村振興政策と農業環境政策に使用される。英国の独自徴収分は、英国内で使用されることになっている。非SDAの支払い単価から計算すると、受給金額が5000ユーロを超える経営面積は15～17 haであり、国内の大部分の農場がモジュレーションの影響を受けると予想される。

表4　モジュレーションの徴収割合
　　　（5000ユーロを超えた部分）

	EUレート	英国独自徴収分	合計
2005年	3.0%	2.0%	5.0%
2006年	4.0%	6.0%	10.0%

（注）1ユーロ＝160～165円。
（出典）表2に同じ。

2）単一支払い制度の支払い要件

単一支払い制度に参加する農業経営者は、「セットアサイド（生産調整）」への参加と同時に、「クロス・コンプライアンス」の遵守が求められる。ここではクロス・コンプライアンスについて概説する。

単一支払い制度は原則として生産とリンクしない直接支払いであるが、参加する農業経営者は、良好な農業・環境条件（GAEC＝Good Agricultural and Environmental Condition）を保ち、さまざまな法律（環境・公衆・植物衛生・動物衛生・動物福祉・家畜の個体管理システムなど）を遵守しながら営農を行うことが義務付けられる。これらの要件を満たすことをクロス・コンプライアンスという。

クロス・コンプライアンスには、3つの要件がある。単一支払い制度の受給権を得るためには、この3つすべてを満たす必要がある。また、単一支払い制度に参加する農業経営者は、仮に参加する面積が農場の一部に限ら

れるとしても、管理する農場全体でこの条件を満たさなければならない。これは、農場の特定部分のみのクロス・コンプライアンスを認めると、プログラムに参加する面積部分のみ適切な管理を行い、その他の部分は管理を怠るケースが出てくるためである。

　第一の要件は、永年牧草地要件である。これは、2003年レベルの永年牧草地面積の維持を求めている。少なくとも5年間クロップ・ローテーション(輪作体系)からはずされている草地は、永年牧草地と分類される。一方、生産調整に供している面積は永年牧草地には含めない。英国政府は、永年牧草地の全国面積が03年度より減少する事態が生じた場合、永年牧草地を耕地転換した農業経営者に対し、永年牧草地に戻す義務や戻した永年牧草地を5年間維持する義務を課す方針を表明している。

　第二の要件は、良好な農業・環境条件である。これはEUの共通農業政策の規則に基づく要件で、詳細は後述する。

　第三の要件は、法定管理要求(SMRs = Statutory Management Requirements)である。これは農業経営者が遵守すべき法律をとりまとめたものであり、やはり詳細は後述する。

3) 良好な農業・環境条件(GAEC)

　イングランドにおける良好な農業・環境条件の基準は、大きく分けて①土壌管理・保全(Soil Management and Protection)、②生息地・景観維持を目的に適用される。

　土壌管理・保全は、おもに4項目から成り立っている。

① 2006年9月より土壌保全評価(Soil Protection Review)の策定と実行が義務付けられた。土壌保全評価とは、土壌の適切な保全によって環境への悪影響(土壌浸食など)を回避し、農業生産力を維持するための取り組みである。各農業経営で生産している品目に応じた土壌の状態を大まかに評価(砂地、粘土質、中位、重質、石灰質、泥炭質など)したうえで、土壌へのダメージの有無を確認(有機質の枯渇、土壌流失など)する。そして、土壌

の保全を図るための具体的な方法を明示(藁の鋤き込み、被覆植物の植え付け、有機質の投入など)する。土壌保全評価は少なくとも年1回は更新し、環境食料農村問題省(Defra＝Department of Environment、Food and Rural Affairs)へ提出しなければならない。

②2005年3月1日以降は、コンバインなどで収穫した後、圃場に切り株を残す、耕作後の圃場は耕起などを行なって降雨の浸透を促進する、被覆植物を作付けするなど、収穫後の圃場を適切に管理しなければならない。

③収穫・耕起・散布(糞尿を含む)作業を行う際には、圃場の土壌に適度な水分量が含有されていなければならず、条件が満たされなければ機械作業が原則禁止される。例外が認められるのは、機械作業が人間および動物福祉達成に不可欠である場合、契約上野菜の収穫期限を守らなければならない場合、政府が認定した異常気象の場合などである。

④藁などの収穫残渣の焼却を行なってはならない。例外的に認められるのは教育目的や疫病防止目的の場合などだが、一定の制限がある。

次に、生息地・景観維持については、13項目があげられている。

①環境影響アセスメントの対象地域では、環境食料農村問題省の許可なく耕起・散布などを行なってはならない。

②特別科学関係地域(Site of Special Scientific Interest)では、営農協定に明記されていない行為を行なってはならない。

③農場内に指定建造物がある場合、許可なくその破壊・移動・修理・変更・追加を行なってはならず、その場所に大量の水を流してもいけない。

④農場内を通るパブリックパス(すべての人が通行可能な歩道。都市住民の農村へのアクセスを保証するものとして公的に設定されている。農場内を横断する形で設定されていることも多い)について、許可なくこれへのアクセスを妨害する行為を行なってはならない。耕起などやむをえない理由で圃場の中央を通るパブリックパスへのアクセスを保証できない場合は、24時間以内(播種時のみ14日間以内)に代替道を示す必要がある。

⑤過放牧や不適切な飼養管理など、農場の自然・半自然の植生に影響を与えるような行為を行なってはならない。
⑥ヒース(低木)・牧草の焼却は、日時や焼却場所、周辺の地権者に対する通告など、規則の手順に従わなければならず、規則に従わない場合は焼却自体が認められない。
⑦雑草管理は規則に従い、雑草の繁茂防止に努めなければならない。
⑧単一支払い制度の対象でありながら農業生産に使用しない土地については、低木や雑草が繁茂した場合は農業生産にほとんど利用されていないとみなされ、単一支払い制度の資格を失う。したがって、低木や雑草の繁茂を極力避けるとともに、翌年には農業生産が再開できるような状態を常に保たねばならない。
⑨圃場の区分に利用され、少なくとも 10 m 連続しているものは石垣とみなされ、その一部・全部の除去は原則として禁止される。例外として認められるのは、機械進入のためにすでに開いている間隔を広げる場合、別の石垣の修復に必要である場合などに限られる。石垣の一部・全部を除去する場合は、許可が必要である。
⑩生垣・水路の中心から 2 m の範囲では、耕起や散布が禁止されている。ただし、防除管理上やむをえない場合は、許可を得たうえで限定的に作業できる。
⑪連続して 20 m 以上の長さ、または 20 m 未満でも隣と続いている場合は生垣であるとみなされ、その除去には自治体の許可が必要である(許可なしの除去は禁止)。また、3 月 1 日から 7 月 31 日の間は、鳥類の繁殖期であるため刈り込み行為が禁止されている。ただし、道路に面した生垣は、通行上の妨げになる場合のみ例外的に認められる。
⑫樹木の伐採を希望する場合、伐採ライセンスの取得が必要となる場合がある。必要の有無は森林委員会(Forestry Commission)の判断による。
⑬地域のアメニティを形成していると自治体によって判断された樹木の伐採、移植、損壊などは禁止される。

4）法定管理要求（SMRs＝Statutory Management Requirements）

2005年の法定管理要求は、既存の法体系の遵守を農業経営者に対して求めるものである。現行のそれは、環境と公衆・動物衛生を柱に11項目が示され、さらに家畜を飼養する農業経営には別に4項目、計15項目が示されている。

環境に関するものは5項目である。

① 野鳥の取り扱いについては、農場が野鳥特別保護地域(Special Protection Area)に含まれるかを確認のうえ、含まれる場合はあらゆる作業について政府(English Nature)に報告し、同意を得る必要がある。また、保護地域に含まれるか否かにかかわらず、野鳥を殺傷したり、その生死を問わず所有したり、巣や卵を破壊・撤去したりすることは禁止される。

② 指定された化学物質を地下水に流し込むことは禁止されている。洗羊液(sheep-dip)や農薬の洗浄などは、環境局(Environment Agency)の許可を得たうえで行うことができる。

③ 一定の条件(pH値5以上など)を満たさなければ、下水・汚泥を農地に散布してはならない。また、対象圃場では、散布後3週間は放牧や収穫作業などを行なってはならない。

④ 窒素影響地域(Nitrate Vulnerable Zones：EU規則によって、農地からの窒素が水源を汚染する恐れのある地域が指定されている)に含まれる農場では、指定されたアクション・プログラムに従った営農活動を行わなければならず、投入窒素量に制限がかけられる(作目により上限量は異なる)。

⑤ 野生動植物の生息地については、英国自然保護機構(Natural England)が指定する特別保全地域(Special Area of Conservation)に農場が含まれるかを確認し、含まれる場合は所定の指令に従わなければならない。また、含まれるか否かにかかわらず、欧州保護種に指定されている野生植物の摘み取り、破壊、栽培、輸送、売買などは禁止されている。

公衆・動物衛生に関するものは5項目である。

①豚・山羊・羊の個体識別・登録制度は2005年より適用されている。個体管理はIDタグなどにより行われ、家畜の移動などについて農場ごと、家畜ごとに記録が義務付けられる。
②牛の固体識別制度については、イヤータグ(生後20日までに装着)・パスポート(イヤータグ装着後7日以内に作成)による管理体制を今後も継続する。
③農薬などの植物防疫のための製品(Plant Protection Products)が制限されている。法令で認められたもの以外は使用が禁止され、使用する場合も用法順守が求められる。
④家畜のホルモンや甲状腺に作用する物質の使用は原則として禁止されており、使用が認められる場合も、範囲が厳しく制限されている。
⑤食品および飼料に関する法令を順守しなければならない。安全でない(健康に害を及ぼしたり人間の消化に適さない)農産物の出荷や給餌の禁止、トレーサビリティ確保のための適切な記帳や文書の保管を求めている。

また、生乳や卵などの生産者に対してはさらに厳しい衛生要件がある。
家畜を飼養する農業経営には、別途4項目の遵守が求められる。具体的には、感染性海綿状脳症(TSE＝Transmissible Spongiform Encephalopathies)、口蹄疫などの感染予防措置を規定している。

5) チェック・システム

クロス・コンプライアンスが遵守されているか否かの検査は、農村支払い局(RPA＝Rural Payment Agency)が関係機関と協力しつつ行う。検査は営農の妨げにならないよう留意するが、事前通告なしの検査や年間に複数回の検査もありうる。ただし、英国政府はクロス・コンプライアンスの多くは既存の法体系で遵守されているものであり、単一支払い制度導入によって、これまで複雑であった政策プログラム群が統合されるため、検査にかかるコスト自体は低減すると考えている。

検査の結果、良好な農業・環境条件もしくは法的管理要求を満たしてい

ないと認定されたときは、支払い額の減額や単一支払い制度そのものからの追放がある。減額は違反一分野につき3%を原則とし、違反の程度により1〜5%の範囲で決定される。翌年も同じ違反が継続されると、減額率は2倍(たとえば1年目に3%だった場合は6%)、翌々年は3倍となる。減額率が15%に達すると、違反は故意に行われていると認定される。故意に行われたと認定された場合の減額率は20%となり、場合によっては100%、つまり単一支払い制度そのものからの追放もありうる。また、国内法に対する違反行為を行なった場合は、制度からの追放のみならず刑事罰の対象にもなる。

6) その他の農業環境計画

単一支払い制度の導入とともに、農業環境政策体系も簡素化が進められている。そのコンセプトは、より多くの農業経営者にとって参加しやすい環境保全プログラムである。

従来、英国ではさまざまな環境保全プログラムがあり、いずれも計画の重要性は農業経営者に共有されていた。しかし、計画そのものや申請書類が複雑すぎることなどを理由に参加が進まないという実態があった。2005年施行の新たな体系は、入門保全計画(ELS=Entry Level Stewardship)、上級保全計画(HLS=Higher Level Stewardship)、有機入門保全計画(OES=Organic Entry Level Stewardship)の3つのプログラムから構成されている。

入門保全計画では、基礎的なレベルでの環境保全に取り組む農業経営者すべてが対象となる。予定支払い単価はhaあたり30ポンドで、条件不利地域(LFAs)では15 haを超える分は8ポンドである。基本的な事項として以下が公表されている。

①要件を満たした申請は認定される。

②支払いは単位面積あたりの定額レートとする。

③50を超えるオプションを用意し、あらゆる農場タイプに対応する。各オプションには「ポイント」が設けられている。

④農業経営者は、自らの農場規模に応じた「ポイントターゲット」（プログラムの支払い対象となるために必要なポイント数）に達するようにオプションを選択する。
　⑤協定の開始は、年4回(2月1日、5月1日、8月1日、11月1日)とする。
　⑥協定は5年間有効で、期間中の支払い単価は一定。
　上級保全計画は、入門保全計画に比べ、より高度な環境保全に取り組む農業経営者すべてが対象となる。予定支払い単価も高い。基本的な事項として、以下が公表されている。
　①原則として、参加する農業経営者は、まず入門保全計画への参加が望まれる。
　②申請を行う前に、農場環境計画(FEP＝Farm Environmental Plan)を作成しなければならない。
　③申請は審査に付され、参加を認められない場合もありうる。
　④用意されるオプションは「成功指標」となるもので、個々の事情により調整も行われる。
　⑤入門保全計画との組み合わせにより、10年の協定になりうる。
　⑥環境食料農村問題省のアドバイザーとの話し合いにより、協定の内容は発展する。
　⑦営農が環境保全の目的を達成しているかどうか、フィードバックが行われる。
　有機入門保全計画は、有機支援計画(Organic Aid Scheme)および有機農業計画(Organic Farming Scheme)には参加していないが、基礎的なレベルでの有機農業に取り組む農業経営者すべてが対象となる。予定支払い単価は、haあたり60ポンドであり、条件不利地域(LFAs)では15 haを超える分は8ポンドとなっている。

4　農業環境政策と農業経営の収支構造

　イングランドはかつて資本主義的農業が発展した地域であり、現在でも自由・独立を好む農業経営者により大規模農業が展開されている。ただし、その多くはいわゆる家族経営であり、近年の農産物価格の低迷やBSE、口蹄疫などの影響もあり、所得の大半を補助金に依存している。図2は、英国農業の収支状況を国全体で見たものである。とくに1990年代後半以降は、農業所得のほぼ全額が補助金により賄われていることがわかる。

　一方、単一支払い制度導入に際しての英国国内のおもな議論として、環境食料農村問題省は制度導入による受取額の変化に注目している[3]。その内容を詳しく見ると、第一に、従来の直接支払い制度と比較して13％の再配分をもたらすが、その傾向には、①集約的な経営から粗放的な経営へ、②直接支払いを受けていた経営から受けていなかった経営へ、という特徴が見られる。第二に、部門別に見ると、上記の傾向を反映して酪農と穀作部

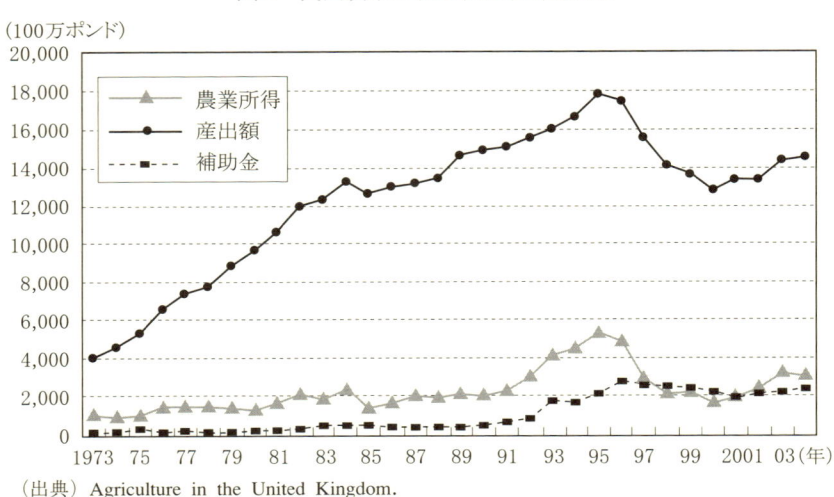

図2　英国農業の収支状況（現在価値）

（出典）Agriculture in the United Kingdom.

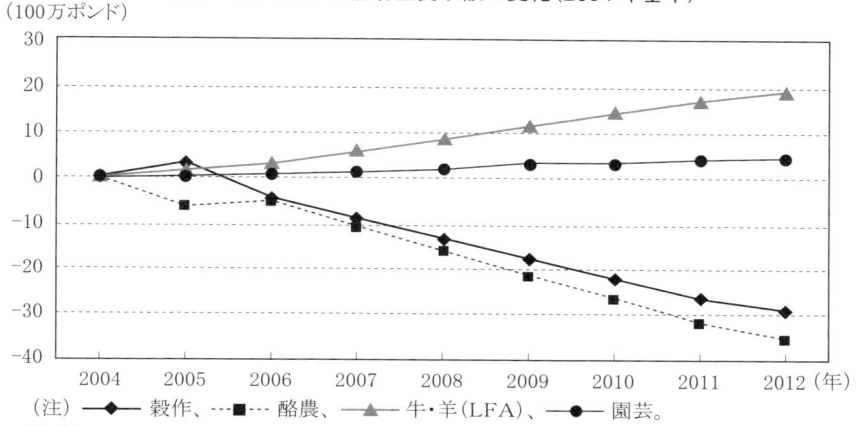

図3 部門ごとの補助金受取額の変化（2004年基準）

（100万ポンド）

（注）━◆━ 穀作、…■… 酪農、━▲━ 牛・羊（LFA）、━●━ 園芸。

（出典）Defra, CAP Single Payment Scheme : Basis for Allocation of Entitlement : Impacts of the Scheme to be Adopted in England, Defra website, 2005.

門の受取額の減少が指摘されている（図3）。第三に、経営規模別に見ると、モジュレーションの影響（受取額が一定以上になると一定金額が控除される）もあり、大規模層における減少額の大きさも示されている。

本節では、受取額が大きく減少するとされる穀作部門における単一支払い制度の所得補填効果を算出する。その際、イングランド内の地域差を考慮して、東部地域を分析対象とし、データは、農業経営調査（FBS＝Farm Business Survey）の地域担当大学の発行資料を採用する[4]。

1）穀作経営における単一支払い制度の影響

周知のように、イングランド農業は、小麦を中心とした耕種と牧草地を利用した放牧型畜産を主として、面積規模の大きい経営が数多く成立している。東部地域は穀作地帯で、平均面積規模が他地域に比べて大きく、商業的な経営が分厚く存在することで知られる。

しかし、この地域における穀作経営は、近年の穀物価格低下の影響を受け、haあたり農場所得が低迷している。表5にみるように、農業経営調査対象農場の平均面積は1998年の280 haから2003年の329 haへと5年間で

表5 穀作経営の農場所得の推移(イングランド東部)

	1998年	1999年	2000年	2001年	2002年	2003年
平均面積(ha)	280	296	300	315	324	329
農場所得(ポンド)	25,799	33,395	18,312	12,303	21,061	63,587
農場所得(ポンド/ha)	92	113	61	39	65	193

(注)農場所得は、農場は借り入れ、その他資産は所有する前提で算出されている。農業経営者・配偶者の労賃および経営者報酬、非農業所得も含まれる。
(出典)Lang, B., "Report on Farming in the Eastern Counties of England", University of Cambridge, 2004.

17.5％拡大したが、haあたり農場所得が低迷しているため、農場所得は伸びていない。03年に限っては世界的な異常気象などの影響で穀物価格が上昇したことを受け、農場所得が大きく改善されている。ただし、haあたり農場所得の193ポンドは、90年代前半の300ポンド前後に比べれば低い。また、03年においても112ポンドの非農業所得と217ポンドの直接支払いの貢献によって193ポンドの農場所得が確保されており、農業からの所得は実質マイナスである。

次に、穀作経営における損益構造をみたのが図4である。2003年は穀物価格高騰によってhaあたり生産額(補助金受給を除く)が602ポンド(前年比19.2％増)となった。それでも、生産費の738ポンドを下回っており、受給補助金217ポンドを加えることで農業生産に基づく所得が81ポン

図4 穀作経営の損益構造(2003年イングランド東部平均、haあたり)

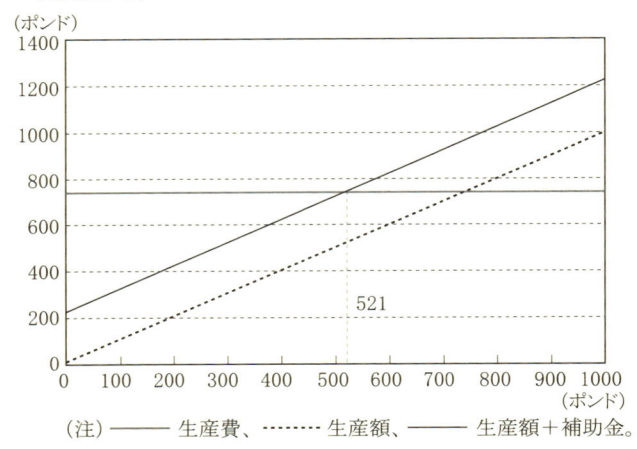

(注) ── 生産費、……… 生産額、── 生産額＋補助金。
(出典)Lang, B., "Report on Farming in the Eastern Counties of England", University of Cambridge, 2004.より計算。

ドとなっている。

　なお、補助金受給時の損益分岐点は521ポンドで、2003年度実績の安全余裕率((売上高－損益分岐点売上高)／売上高)は13.9％である。これは、haあたり生産額の下落率13.9％までは収支を均衡させられることを意味するが、収量変動と価格変動を吸収するには十分とはいえない。

2) 単一支払い制度による所得補填効果

　単一支払い制度による所得補填効果の推計にあたっては、第一に大規模経営に対して課せられるモジュレーションおよび表3にあげた実績値から定額(フラット)への移行措置、第二に穀作経営のコスト構造の変化、第三にユーロとポンドの為替レートを考慮する必要がある。そこで、ユーロ・ポンドの為替レートを2003年度実績値である1ユーロ0.7ポンドとして、まずモジュレーションおよびフラットへの移行措置に伴う補助金受給額の2012年までの変化を推計し、次に近年の穀作経営の生産費低減トレンドから、受容可能なモジュレーション率を算出する。なお、実績値からフラットへの移行措置については、「フラット」の値を政府推計の中間値である230ポンドとする。

　図5は冬小麦に着目し、3つのシナリオに基づくhaあたり補助金受給額の推移を算出したものである。既述のように、2007年以降のモジュレーション率は、EUレートは5％である。ただし、国内レートが確定していないため、いくつかのケースを想定した。

　シナリオ①は、2006年のモジュレーション率10％が12年まで継続する場合である。このシナリオでは、補助金受給額は実績値からフラットへの移行に伴い微減するが、06年水準がおおまかに維持される。シナリオ②は07年以降毎年1％ずつモジュレーション率が上昇する場合、シナリオ③は07年以降毎年2％ずつモジュレーション率が上昇する場合を想定している。シナリオ③の場合、2012年には00〜02年と比較してhaあたり約50ポンド(21％)の減少をもたらすことが予想される。換言すれば、所得補填効果はモ

図5 単一支払い制度導入による補助金削減額試算（ha あたり・冬小麦）

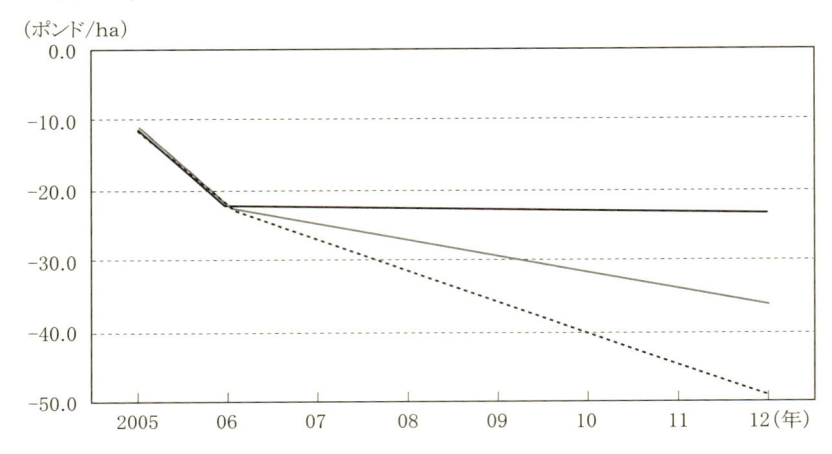

（ポンド/ha）

（注） ——— シナリオ①：2007年以降モジュレーション率10％固定、——— シナリオ②：2007年以降毎年1％ずつモジュレーション率上昇、……… シナリオ③：2007年より毎年2％ずつモジュレーション率上昇。2000～02年の平均は231ポンド/ha。

（出典）図4に同じ。

ジュレーション率が高まるほど減少する。

3）穀作経営の生産費低減トレンドと補助金削減

近年の穀作経営の生産費のトレンドについて、Lang の冬小麦の生産データをみると、1998年から2003年まで、ha あたり変動費（労務費、材料費など生産の増減に応じて金額が変わりうる費用。生産の増減にかかわらず発生する固定費と区別される）が低減している[5]。これに一次近似式を当てはめると、毎年約6.3ポンドの低減となる[6]。そこで、今後も一定程度の規模拡大および生産費削減が可能である場合の補助金減額分と生産費低減の関係を示したのが、図6である。

図6からは、シナリオ③のモジュレーションによる補助金受給の減額分（年率2％）を生産費削減で吸収し、農業所得を維持するためには、毎年約6.3ポンドの生産費削減を継続する必要があることが読み取れる。また、生産費削減のペースが半分の約3.1ポンドに鈍化した場合は、2012年において

図6 モジュレーションによる受給補助金の変化と生産費削減可能性予測
（穀作経営・冬小麦）

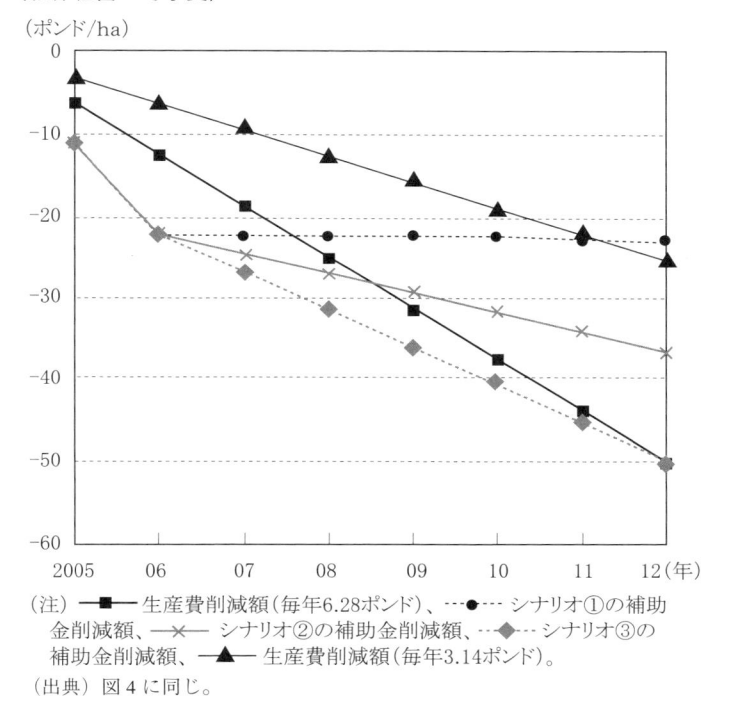

（ポンド/ha）

(注) ─■─ 生産費削減額（毎年6.28ポンド）、 ─●─ シナリオ①の補助金削減額、 ─×─ シナリオ②の補助金削減額、 ─◆─ シナリオ③の補助金削減額、 ─▲─ 生産費削減額（毎年3.14ポンド）。
(出典) 図4に同じ。

ようやく06年のモジュレーションを吸収できるレベルに到達する。すなわち、生産費削減が年間約3.1ポンドにとどまった場合は、モジュレーションによる補助金減額分を生産費削減によって吸収できず、補助金減額分が農業所得の減少に直結する。

さらに、いずれの場合においても、生産費削減に一定の期間を要するため、単一支払い制度開始後数年間はモジュレーションを生産費削減で吸収できず、生産額変動への耐性が低減することもわかる。

上記の議論は、すべて調査対象農場の全体平均値を利用した。これに対して、経営規模による差異を検討したのが表6である。調査対象農場のうち経営面積が大きい上位25％のコスト構造は、全体平均と大きな違いがな

表6　大規模穀作経営における損益構造
　　　（イングランド東部）

単位：ポンド	全体平均 （329 ha）	上位25%平均 （763 ha）	差異
生産額／ha	602	613	11
補助金／ha	217	213	-4
変動費／ha	221	223	2
固定費／ha	517	522	5
農場所得／ha	193	178	-15
農場所得	63,497	135,814	72317

（出典）表5に同じ。

い。より大きな面積の耕作で、より多くの所得をあげているのが実態である。したがって、前節で検討した単一支払い制度の農場所得に与える影響が大規模層においても同様に起こりうる。同時に、モジュレーション率が高く設定され、生産費低減によっても農場所得の減少が避けられない事態となった場合、haではなく農場ベースでみると大規模経営においてその減少幅が大きくなることを意味している。

5　必然としての農業環境計画への参加

　イングランド東部の穀作経営は、すでに一定程度の規模拡大を達成しているが、従来から補助金によって農場所得を確保している構造にある。単一支払い制度およびモジュレーションの実施は、その補助金の受取額が減少する可能性を示唆している。一方、その減少分は、農業環境計画（入門保全計画、上級保全計画、有機入門保全計画など）への参加で補うことも可能である。
　以上から導かれる含意は、少なくともEUでは農業経営者が持続的農業技術を導入するか否かは、経営者の個人的意識というより政策の影響が大きく、農業経営者は極論すれば「農業を続けたかったら農業環境計画に参加するしかない」状況に置かれているということである。なぜなら、モジュレーションによる補助金の受取額の減少分を補うためには、特別な付加価値をもたらすような取り組みをしないかぎり、農業環境計画への参加という選択肢しか残されていないからである。

EUと日本との持続的農業技術導入への政策対応の違いは、EUのクロス・コンプライアンスと日本の「農業環境規範」の比較からも容易に判断できる。すなわち、日本の持続的農業の推進体制はいまだ弱い。しかし、EU型の政策は先進事例として賞賛されるだけのものではない。政策誘導による持続的農業の推進は、政策への参加なしには農業経営が成り立たない状況まで追い込まれた農業経営が前提条件となっていることを銘記する必要がある。

1) Drucker, P.F., *"Managing in the Next Society"*, Butterworth-Heinemann, 2002.
2) Winter, M., et al., "Practical Delivery of Farm Conservation Management in England", *English Nature Research Report 393*, 2000.
3) Defra, CAP Single Payment Scheme : Basis for Allocation of Entitlement : Impacts of the Scheme to be Adopted in England, Defra website, 2005.
4) Lang, B., *"Report on Farming in the Eastern Counties of England"*, University of Cambridge, 2004.
5) 前掲4)。
6) $R^2=0.7516$。なお、固定費用についても近年は労働費と機械費の低減が観察されるが、労働費の低減は止まりつつある。機械費の低減ももっぱら機械更新を控えることによって実現されており、Langは今後の固定費用の削減余地はあまりないと論じている(前掲4)。

〈参考文献〉
内山智裕「各国・地域の直接支払制度：イギリス―イングランドに着目して―」岸康彦編『世界の直接支払制度』農林統計協会、2006年、63～81ページ。
農林水産省「環境と調和のとれた農業生産活動規範の策定に当たって」環境と調和のとれた作物生産の確保に関する懇談会資料、2005年。
松田裕子『EU農政の直接支払制度』農林統計協会、2004年。
八木宏典「新しい農業経営の特質とその国際的位置」『農業経営研究』第37巻第4号、2000年、5～14ページ。
Defra, "Shifting Support from the 1st to the 2nd Pillar of the Common Agriculture Policy (CAP)", Background Policy Paper to Inform Workshop Discussions, Defra Website, 2001.

※本章は2006年3月に執筆されており、直近の世界的な穀物価格の高騰は分析の対象となっていない。

第❽章　持続性と循環の回復の可能性

大原興太郎

1　何が問題なのか

　2001年1月の循環型社会形成推進基本法の施行以来、「循環」という言葉は急速に世の中に広まった。しかし、それは大量生産・大量消費の枠組みを基本的に変えないまま、大量廃棄が最終処分場の枯渇をもたらしているという問題から遡って出てきたものである。このことは、「ものを活かして使う結果として循環が成り立つ」という、本来ありうべき循環のあり方からは遠く、さまざまな問題をも引き起こしている。それでも、とりあえず現在の社会的な生産消費システムの問題点を浮かび上がらせるという意義はあったといえよう。

　第1章で全体像が示されているように、「現状の経済システムから循環システムへ移行するには、系外からの流入、つまり海外からの物質の流入を一定量抑制しなければならない」(8ページ)。過去に国家レベルで循環システムが導入されたケースは、アメリカに経済封鎖されたキューバやアジア通貨危機によって輸入が一時的に停止した韓国がある程度で、系外から物質流入が停止した場合を除いて自発的に起こった例はないのである。ここに循環システム、循環型社会の構築のむずかしさが潜んでいる。

　「循環型社会への転換は、深刻な環境危機、化石資源の枯渇、世界経済の破綻といった循環型社会の構築によって回避すべき状態が起こらなければ

実現しないという皮肉な状態にある。そのため、真に循環システムを実現するには、社会産業構造(市場経済と工業社会の特性)の根本的な変革が必要」(9ページ)なのである。

2000年6月7日に交付され、01年5月1日から施行された食品リサイクル法(食品循環資源の再生利用等の促進に関する法律)における食品循環資源の定義は、①食品副産物＋②食品廃棄物である。すなわち、従来から再利用されてきた①に加えて②も未利用資源として捉え、再利用を促すことで、結果的に廃棄物の減量を導く概念として示されている。この法律によってたしかにさまざまな運動が始まり、資源の循環は加速された。

しかし、少し循環が動くとそれで自己満足に陥ってしまうことなく、まずは現代産業社会の構造的特質を冷静に理解しておく必要がある。「本質的に"循環"とは閉鎖系内で大気、水、土壌、生物などの間を物質が持続的に利用される状態」(8ページ)とするなら、もはや世界市場化した現代ではほとんど解決不能な難題であるとも言いうる。そうした構造的にはむずかしい課題であることを認識しながらも、「目標をもち、努力する」のが人間であるとするなら、少しでも人類社会の延命を図るため、また将来世代へのツケを少しでも軽くするため、複雑な現実をより的確に認識し、解決方法を模索する努力は必要である。

2　有機物循環システムに基づく循環型社会

ここで繰り返しになるが、なぜ循環型社会の構築において有機物、とくに食品副産物と食品廃棄物の循環システムを考えることが重要なのか、その理由をあらためて整理しておこう(第1章参照)。
　①有機物のなかで食品供給に関するフローは最大であり、この分野での循環システムが与える影響は非常に大きなインパクトがある。
　②食品供給に関するフローは人間生活において基礎的かつ必須である。

③先進国のみならず、途上国においても経済発展に伴う食糧の消費水準が高まり、大量生産・消費型のシステムに移行しつつある。そして、その影響で食糧危機が危惧されている。

④大量生産・消費に伴い食品廃棄物の大量廃棄が常となる傾向を示し、日本の廃棄物のなかでも相当量の割合を占めるに至っている。さらに、食品残渣や栄養塩の増加(本来、生態系において少なかったところへ、人為的に物質、とくに窒素や燐酸が増加したことによる過剰の弊害)は国内の環境問題の原因の一つである。

⑤有機性廃棄物は生物由来であるために含水率が高く、焼却処理を中心とする日本の廃棄物処理体制において負荷が大きい。

⑥循環型社会の形成を目標とする国家の政策において、食品リサイクル法や家畜排せつ物法(家畜排せつ物の管理の適正化及び利用の促進に関する法律)などの法制度の整備により、リサイクル率の向上が望まれている。

⑦食品(製品消費)や生ごみ(リサイクル)は消費者(国民)が直接関与できる部分であり、"循環"を考え、実践するうえでもっとも身近に感じられる財である。

⑧循環システムは過去からずっと成立していたが、高度成長期以降にそのシステムが崩壊したことにより、都市と農村における諸問題が発生した。それを是正する意味でも必要である。

⑨有機物は形態変化(腐敗性)が常であり、安定した形で利用しなければ深刻な環境問題につながる。

国際的にはSustainable Society(持続的社会)という名称で普遍化している「循環型社会」の構築のためには、環境への負荷を環境容量以下に抑え、物質とエネルギーを系内で自己完結に近づけることが、基本的な必要条件である。それは、自然・生物エネルギーに依存した循環型社会こそが人間社会の基本であることを思い起こさせる。

そうした循環型社会は、わずか半世紀前には日本で根づいていた生産・生活システムの基本であった。この半世紀のさまざまな社会経済の変化は、

それを以前の状態に戻すことが不可能であり、かつ人びともそれを必ずしも望んでいないことを示している。しかしながら、一過性のシステムを可能なかぎり循環型に戻さなければ、人間社会の存続すら危うい。現代的に進んだ技術を循環型でより環境に負荷をかけないものに戻すには、自然を支配する仕組みや事実から学び、自然な発想での技術のあり方に戻る必要があるのではないだろうか。

　現在の豊かさがグローバリゼーションや市場経済(それは基本的に地域の垣根を取り払うという本質をもつ)によってもたらされた部分が大であることは、認めざるをえない。しかし、それが現在だけのコスト意識でモノの流れ(スループット)を極端に早くし、それに伴い大量の廃棄物の排出による環境負荷とファストライフに伴うさまざまな社会的病理を生み出し、将来世代の生産・生活基盤を損ないつつあるのではないかという認識も、少なからず共有されてきている。とくに、情報基盤の充実とインターネットにみられる瞬時の世界化は、グローバリゼーションやそれに伴う世界的な格差拡大、あるいは政治的な強圧による民衆圧迫の抑止の可能性も同時にもつ。

　そこから、日本だけでなく、地球という系内で人びとが物の豊かさと精神的な豊かさをともに満たす社会を築くことが重要との認識も広まってきている。そのためには、経済・社会システムも含めた「真の社会変革のさまざまな試み」が模索されねばならない歴史的段階なのではないかと考えられる。

3　生物系廃棄物の未利用資源としての利用方法とコスト問題

　生物系の廃棄物あるいは未利用資源の活用方法は付加価値が高いと考えられる順に、①有用物質の抽出、②飼料化、③肥料・堆肥化、④原料化、⑤エネルギー化、⑥燃料化、⑦減量化が考えられる。
　高度経済成長期以前の基本的に生物資源に依存した農村社会では、飼料

化、肥料・堆肥化、原料化、燃料化などが、モノを活かして使う社会的仕組みのなかで自然と行われていた。たとえば、稲の副産物の藁は原料として生活用品に加工されるほか牛の飼料となり、牛の糞は堆肥になり、縄や俵として用済みになった藁製品は風呂用の燃料にしていたのである。また、毎日の食事の残飯も豚や鶏の飼料となるほか、堆肥にもなった。そうした過去の経験からも、肥料・堆肥化、飼料化、燃料化といった循環の方向性は取っつきやすいものであった。

　一方、畜糞の堆肥化によって畜産公害を緩和し、未利用・低利用資源を有効活用する目的で、ここ数年、堆肥化施設の建設が急速に進んだ。農水省と有機廃棄物の適正処理を進める環境省が補助金を準備したことが大きなプッシュ要因である。だが、その結果、少なからざる施設で堆肥が余る状況が生まれている。それは、堆肥の品質やコストにおいて農家が納得するレベルになっていないこともあるかもしれないが、何よりも大部分の兼業農家にとっては、農業近代化のもとで省力化と技術のマニュアル化が進み、化学肥料と農薬による作業性のよい兼業と親和する農業スタイルになってしまっているからである。したがって、堆肥を入れるには、誰かが堆肥散布までやってくれるなどのサポート体制がないかぎり、楽になった作業システムを変えることは容易ではない。

　とはいえ、他方では食品産業の大型化もあり、大量の生物系廃棄物・副産物(未利用資源)の積極的な活用をめざして有用物質や機能物質の抽出がかなり進んできていることも、新しい現象である。たとえば、三重県の井村屋製菓では三重大学の古市幸生氏(2006年より名誉教授)のグループと共同研究を行なった。その結果、小豆の煮汁に生活習慣病に効く血中コレステロール上昇抑制作用があることがわかったという。また、小豆の煮汁から血糖値を下げる働きがあるポリフェノール(カテキン)や、ガン細胞に対してアポトーシス誘導(ガン細胞を死滅させる)するビグノサイド(vignoside)を取り出したりしている。さらに、鰹だしのだし殻のタンパク質から、血圧を下げる働きのあるペプチドの抽出も行われているという(これらは伊藤智広・古市氏

らの発見によるものである）。

　生ごみその他都市型の廃棄物の処理において現在主流となっている堆肥化は、内藤正明と楠部孝誠が私たちの報告書で試算しているように膨大なコストがかかっている[1]。土地関連費と廃棄物処理費を含めない場合、施設の建設費と維持費、運転費はかなり小さくなっているが、それでも有機残渣の回収費は t あたり 2 万円近い。回収の仕組みをどのように考えるのか、堆肥が売れたとして処理費のマイナス部分として計算するのかしないのかなどコストにかかわるさまざまな問題があるにもかかわらず、これまでほとんどコストを問うことなく堆肥化が行われてきたことが問題である。後にふれるようにシステムの組み方によっては低コストの仕組みもありうるのであり、当面はさまざまな観点からの接近が必要な段階であろう。

4　大規模耕畜連携における物質循環と主体連携（市場と組織）

　さて、農業系の有機廃棄物として環境保全の面からもっとも注目されてきたのは、家畜の糞尿である。それが大きく問題になったのは、農業近代化の過程において、農業経営のなかで特定の部門や品目への特化が市場販売を前提とした効率性・収益性の面から要請され、かつて一般的であった自己の経営内での循環ができなくなったことに関係している。

　大規模経営を余儀なくされるなかで、企業的農業経営体は経営存続のためには環境問題が避けて通れない状況になってきた。こうした問題の現実的な取り組みを石田正昭は市場と組織の観点から考察している[2]。日本有数の大規模畜産経営（ブロイラー・養豚）とされるジャパンファームは 21 世紀業務改善プロジェクトの一環として鶏糞の循環的利用の検討を開始し、生糞から生産した発酵堆肥を近隣の耕種農家に配布して野菜を生産させ、それを買い上げて青果市場の仲卸に売るという計画をたてた。そして、その業務を本格化させるため、1999 年に環境本部の前身であるアグリ事業部を設

立する。

　堆肥の循環的利用の候補に選ばれたのはゴボウであった。それは、①栄養素の吸収性能が高く、堆肥処理の方法に適している(10aあたり2～3tの投入が可能)、②生産されたゴボウと鶏肉の加工品を関連会社のジェイエフフーズが製造販売できる、③ゴボウ生産には深耕用の大型トレンチャーが必要で、資金がかかるために近隣農家がつくっていない、したがって④青果市場の仲卸を通じた有利販売が可能であったからであるという。彼らは基本的には地域内循環を進めるために、地域農業との関係強化による長期的・安定的な取引先の確保と堆肥の値崩れ防止を行い、連携強化のために個々の農家をまとめるキーパーソンの発掘と堆肥散布の提供あるいは散布機の貸与を工夫している。

　たしかにジャパンファームの取り組みをみると、大規模畜産の企業組織としての成熟が業務改善や従業員教育を進め、関連組織を生み出すなどして、危惧される糞尿公害をくいとめている。これを石田は「単に生糞を市場を通じて処理するのに比べて半分のコストに収まっている」と評価する。それはまさに企業努力によって成り立っているのである。

　だが、輸入飼料依存型の畜産経営と地域的に収まらない重量品の地域間取引(堆肥の九州から北海道への輸送・販売)は、持続的とはいえない。それぞれの地域において適正規模の地域農業システムができるならば、やがてはそれに取って代わられることもあろう。

5　生ごみ堆肥化運動の意義と可能性

　日々の生活で市民が参加できる循環には、生ごみの堆肥化や生活廃油のバイオ燃料化がある。第2章で取り上げた生ごみの堆肥化の意義ないし目的は大きく分けて、①現在の収集・焼却システムの代替法と、②有効なリサイクルシステムすなわち農業に用いる堆肥の確保、の二つに分けられる。

いずれも、どこに力点があるかで堆肥の質やネットワークのあり方が異なってくる。多くの場合、廃棄物の減量化を大きな契機として動き出した事例が多い。それ自体が悪いわけではないが、結果として堆肥の品質が悪かったり、堆肥利用のネットワークが不十分だったりで、あちこちに堆肥が余るという状況が生まれていると思われる。

　しかしながら、循環の過程でモノが劣化することは避けられないにしても、モノを活かして次の役割のためにその生命や意義を終えるのが循環の本来の姿である。その観点からすれば、LCA（ライフサイクルアセスメント）的な発想をするまでもなく、最終ステップや循環の全体を考えながら第一ステップが始まることが重要であるのはいうまでもない。そして、そうした本来の循環にもっていくことが容易でないからこそ、「堆肥化運動」という言葉がしばしば使われるのであろう。

　生ごみの堆肥化の全国規模の活動推進団体として、①（特）生ごみリサイクル全国ネットワーク、②（特）有機農産物普及・堆肥化推進協会（NPOたいひ化協会）の二団体が活動を継続しているが、においの問題、堆肥の品質、ネットワーク組織の問題などで挫折していった事例も少なくない。

　そうしたなかで、第2章で取り上げられている三重県の事例は、堆肥化に伴う問題を解決するうえでのいくつかのヒントや示唆を提供している。堆肥化の方法だけでなく、排出方法、収集の頻度と方法などを全体的なシステムとして把握する重要性や、専用の機器だけでなく段ボールを容器として利用するなど排出元での処理のさまざまな工夫が重要であることを示しているからである。また、効果を上げている取り組みには、収集の便宜や二次処理プロセスに円滑につなげるために、水切りバケツ（長井市）、堆肥サンドイッチバケツ（甲賀市水口町）、床材入り衣装ケース（三重県）など、排出時点と収集過程での腐敗を避ける方法が見られる。

　さらに、小規模な堆肥化の場合は、二次処理プロセスを手仕事もしくはローダーを利用した堆積と切り返しだけで構成できる。したがって、施設は屋根付三方壁面の開放型堆肥舎で十分であり、100万円のオーダーで建設

可能である。これは、行政が主体となって取り組む場合も、機械式の高速堆肥化法だけが選択肢ではないことを示している。

とくに、三重県において取り組まれている、透明プラスチック製の衣装ケースを利用した各排出元における一次処理と、それらをネットワーク的に集めた二次処理という、多額の導入費用を必要としない二段階処理方法は注目される。この方式が県内1800世帯にまで広がり、そのネットワークが進みつつある理由は、以下の3点があげられる。

①収集・一次処理プロセスにおける悪臭などの問題を参加者の工夫で克服でき、電気料金などの追加費用が不要である
②製品の在庫や滞留がどの事例でも見られないなど完成した堆肥の質が高い。
③それらが廃棄物の自己管理による生活の見直しや農業生産における主体性の回復、グループ活動による品評・競争の楽しみなどの面白さにつながっている。

そして、そうした運動を支えたのは、消費者の生ごみの堆肥化を続けていた有機栽培農家・橋本力男氏の存在と、2001年より三重県が運営・認定するコンポストマイスター養成制度や発案農家による独自の堆肥技術者養成講座による確実な技術普及があったからといえよう。

この衣装ケース利用方式にも、簡易な機材を利用できる反面で機材の耐久性が低い、グループ活動を必要とする(一家庭単位での自己完結の困難)などの問題を伴う。とはいえ、ネットワークの取り組みにおける提携農家の必要性、高い好奇心・観察力・こまめさといった参入障壁的な要素がプラスに転化したと、波夛野豪は評価している。

6　微生物活用の意義と課題

上記の衣装ケース利用方式の堆肥化においても、微生物資材の利用技術

が注目されている。早くから島本微生物、内城菌、カトー菌などが知られているが、近年ではEM(有効微生物群)菌やBMW(バクテリア・ミネラル・ウォーター)などが発酵促進のための添加資材として普及してきた。ただし、堆肥化活動には、こうした発酵菌や酵素・ミネラルなどの添加資材の使用方法よりも、堆肥の発酵過程の管理・見極め方法が重要であるといわれる。

また、衣装ケースによる堆肥化を進めている橋本氏は床材として籾ガラや落ち葉、完熟堆肥を使っており、作物や土壌、微生物についてのみならず、広く農業に利用する資材などの地域資源に関する知識も豊富である。農業の近代化以前、地域農業の発展に果たした役割が大きかった篤農家や古老たちは、農業と自然に関する豊富な経験と知識から知恵を生み出し、サイトスペシフィック(立地適応)な農業技術を紡ぎ出していた。橋本氏の技術は、そのような先人たちに連なる性質のものであろうと思われる。

未熟堆肥を施用すると、しばしば作物に害を及ぼすことはよく知られている。分解が不十分な堆肥を施肥すると、土壌中で微生物による有機物の分解が急速に進む。その分解過程で、微生物が土壌中の酸素を大量に消費するために植物の根圏での酸素が不足し、障害が発生するのである。また、急速な分解に伴って、微生物の急速な増殖が起こる。増殖する微生物は窒素を必要とするために、土壌中で部分的な窒素飢餓状態が生じるともいわれている。したがって堆肥は、十分な微生物分解が行われた、すなわち易分解性有機物が残っていない完熟堆肥となっていることが重要である。

土壌中には、1gあたり1億の細菌が生息しているといわれてきたが、橋本氏の(微生物が分解する栄養分が豊富な)堆肥には2億の細菌が苅田修一によって確認された[3]。その堆肥化プロセスの細菌の働きについては、①堆肥化初期では細菌数は少なく、pHが低下するものの、堆肥化のプロセスをとおして細菌数は10の8乗のオーダーでほぼ落ち着いており、後半のpHの変動はほぼ一定となっていること、②アンモニアの発生量をみると、3日目以降に急速に増加し、その後減少すること、などがわかっている。これらのデータから苅田は、次のようなことが起きていると想定した。

堆肥化当初、比較的分解されやすいデンプン質などの糖質や可溶性糖質などが積極的に分解され、これらの分解に伴う二酸化炭素が発生するとともに、pHの低下が見られる。このような利用されやすい糖質の利用が終わると、タンパク質の分解が積極的に行われる。すなわち、脱アミノ基の反応が起こり、アンモニアが遊離するとともに、タンパク質のアミノ酸にある炭素骨格が分解される。このあと、分解速度の比較的遅い繊維質などが分解される。要するに、堆肥化の過程ではその分解基質に応じて迅速に微生物叢が変化し、分解を行なっているということである。

　この橋本氏の堆肥に含まれる土壌微生物のDNAを精製し、これをポリメラーゼ連鎖反応法(PCR法)によって増幅した結果では、既知の微生物はわずかに5％ほどで、残りの95％のDNAはこれまでに知られていない微生物であった。そこには、通常の栄養分豊富な培地では生育できない低栄養細菌や、単独では生育できない共生細菌など、従来の培養方法では培養できない菌が含まれていたという。こうした環境微生物の菌叢を把握する目的で発達してきたDNAを基本に解析する方法は、今後も大いに注目される。

　近代農学は自然についての操作可能な科学的知識を技術に結びつけ、技術の画一性、マニュアル化を進めた。それによって生産量が数倍になり、食糧増産がなされたことは、驚嘆すべきではある。だが、自然界にはまだ未知の事柄がいっぱいあり、そこから学ぶ姿勢をもち続けることによって農学も新たな発展の契機をもつのではないか。

　とくに微生物の働きに関しては、古来より人間が経験的に発酵産物として利用してきた。世界のいかなる食文化にあっても、漬け物や乳製品のような発酵食品がある。家畜の飼料の保存技術としてのサイレージもまた、微生物による乳酸発酵によって、飼料のpHを低下させて腐敗を防ぐとともに、食味をよくして食欲の増進にも役立っている方法である。そして、水分の多い食品廃棄物に乳酸菌を接種して腐敗を防ぎ、飼料化すること、あるいはバイプロと呼ばれる食品副産物をスープ状にして家畜、とくに豚に与えるリキッドフィーディングの方法は、コスト低減や環境に低負荷のシ

ステムとして活用できる技術に今後なってくると思われる。このように微生物を利用した食品循環資源の保存技術や飼料化技術の開発は、重要な課題のひとつとなろう。

7 環境調和型農業技術の可能性

　持続的な農業技術というとき、それはトータルにみて環境にできるだけ負荷をかけない技術と同義と考えてよい。しかし、それは手間ひまのかかる技術でもある。生産と消費の距離が遠くなり、一過性のシステムが進んだ現代社会では、モノを循環し、活かすためのネットワークが不可避なのである。第3章で取り上げられているバイオガスプラントによる生ごみリサイクルも、その一例である。

　①生ごみなどによるメタン発酵液の利用システム
　埼玉県小川町では過去10年以上にわたって、作物残渣、家畜糞尿、生ごみなど農場・地域の有機性資源を小規模バイオガスプラントによってメタン発酵してきた。発生したガスは調理に用いられるとともに、メタン発酵液を速効性有機肥料として有機栽培に用い、果菜類(ナス、キュウリ、ピーマンなど)やキャベツ、白菜、ブロッコリーなど窒素要求量が高い野菜への追肥、冬場の低温で有機肥料が利用されにくい時期のホウレンソウに対する追肥などで、効果を上げている。
　2001年にボランティアの14世帯で始まった小川町の生ごみリサイクルは、05年末現在、約100世帯に拡大した。生ごみの収集は小川町役場が担当し、手づくりプラントの管理・運営はNPO法人・小川町風土活用センターが行なっている。さらに、生ごみkgあたりの焼却費用20円の節約分を原資として、参加住民に地域通貨(年間約2000円)を発行し、収穫祭などで野菜や米などの地元農産物と交換できる仕組みもつくりあげた。このように、地域

に根づいた循環を実現しているのである。

このメタン発酵液(pH 約 8 のアルカリ性肥料で、全窒素は 0.15％。そのほとんどはアンモニア態窒素)の肥料価値(おもに窒素)と重金属、衛生菌(腸炎ビブリオ、大腸菌群、大腸菌、腸球菌)などのリスク評価を東北農業研究センターで行なったところ、ホウレンソウと小松菜をモデル作物とした生ごみのメタン発酵液栽培と化学肥料栽培の間に遜色がなかった。また、重金属や衛生菌の調査も行なったが、大きな問題は認められなかったことが明らかにされている。

②BMW 技術の可能性

第 4 章で取り上げられている BMW 技術の原型は汚水の浄化技術である。軽石と花崗岩を主体とした岩石を「土壌腐食」とともに装填し、そこに汚水を通すことで浄化させる。岩石がミネラル源とともに微生物の住み処を提供し、有機物と微生物を提供する。この BMW は EM 菌のような特定の菌を必要しない点が特徴であり、その場所に存在する汚水や微生物などを自然の浄化過程を模して活用するという意味で、どの地域でも工夫が可能な立地適応技術である。

BMW 技術による生物活性水を使いこなしている松田鐵美氏は、まさに現代の篤農といえる。わずかに数人が何とか真似ているにすぎないが、松田氏のさまざまな工夫もあって有機栽培で十分な経営的成果も上げている点は注目に値する。こうした技能的技術と経営についても、近代科学はもう少し目を向けていくべきであろう。

③建設廃材未利用資源の活用可能性

住宅建設時に生ずる端材の窯業系サイディング材は、個人住宅 1 軒あたり約 500 kg、全国で年間約 20 万 t と見積もられている。窯業系サイディング材の主成分はケイ酸とカルシウムであることから、それを植物生産に活用しうる可能性を検討したのが第 6 章である。

水稲栽培においては、ケイ酸質肥料の施用は稲体の生育健全化や収量増加に貢献すると考えられている。窯業系外装材の粉末品がケイ酸肥料として遜色ないことを示すとともに、植物体の物理的強化にもつながり、稲のいもち病やキュウリの炭疽病などへの耐性の効果を明らかにした。もちろん、建築に使われる有機溶剤その他作物への害が疑われる物質の除去と経過観察は不可避であるが、一つの現代的な可能性を示すものである。

④その他の環境調和型農業技術の可能性

　ここで見落とすことができないのはファイトレメディエーション（植物利用による環境修復技術）である。自然を変えるのではなく、観察して適応する技術、少し知恵を働かす方向での技術こそが、持続性を保証する。このところ注目を浴びるようになっているファイトレメディエーションも、今後の期待がかかる技術の一つである。

　最近、重金属などの土壌環境基準または土壌汚染対策法の指定基準を超過する事例が急激に増加してきている。重金属では鉛や六価クロムの事例が多い。六価クロムによる汚染事故を引き起こしたフェロシルト（二酸化チタンの製造工程から排出される副産物（廃硫酸）を中和処理して生産された土壌補強材、土壌埋戻材（石原産業の商標）。2005年に、環境基準を超える六価クロムやフッ素などが含まれていることが判明した）は、いまも大きな社会問題となっている。ヒトの生活圏に拡散した重金属元素は、しばしば農業生産の害や食料汚染をもたらす。植物体を使ってこの重金属を吸収させる技術は環境浄化とともに、今後も必要かつ貴重な資源として重金属を回収する意味でも発展が期待される[4]。

　また、発展途上国では生態環境保護の観点のみでなく、経済的な観点からも注目されているのが、IPM（統合的病虫害管理）の手法である。メコンデルタにおいては、持続的な農業のためにVAC（果樹園、池、家畜）システムが普及してきている。稲作を基本として、果樹、池での魚養殖、家畜飼養などを組み合わせて、副産物をうまく部門間利用する複合経営が行われ、稲作

ではIPMが国家的なプログラムとして取り上げられた。

しかし、害虫自身が適応進化したり、新しい病害虫が現れたり、あるいは健康や環境にはよいものの農家の経済的な向上につながらなかったという問題が現れている。したがって、効果を発揮するには、生態系のバランスへの適切な配慮や農民の理解と実際の適用、訓練や展示圃、さらには伝統的な農民の意識改革、マスメディアの利用など手間のかかる作業が必要であることも示しているのである[5]。

8　持続的農業を支える政策・経営

①カキ殻の再資源化にみる公的補助とその限界[6]

もともと海洋生物資源を対象とした水産業の生産段階で発生する廃棄物は、かつてはマイワシやニシンなどのように、食料以外に餌や肥料として利用される場合が多かった。しかし近年、大量養殖によって生まれた行き場のない廃棄物、たとえば養殖ホタテや養殖カキのように大量に出た貝殻は再利用のめどもなく、周辺住民から悪臭の苦情を訴えられ、環境問題化している場合も多く見られる。

また、非給餌型養殖業のみならず、給餌型養殖業においても、産地段階でのへい死魚、加工時の残滓──頭、内臓、えら、骨など──の処理による再利用化・再資源化が課題となっているが、コスト的な面で小規模経営が支配的な養殖業においてきわめて困難である。さらに、現在の生産物の供給過剰・価格低迷という状況のもとでは、なおさら再利用化がむずかしいと認識されている。

カキ殻は石灰岩から取れる炭酸カルシウム、いわゆる「タンカル」と競合しながらも、鶏の飼料などとして高度経済成長期以前から再利用されてきた。三重県鳥羽市では、戦前からカキ養殖が盛んに行われており、1996年には179の養殖業者が存在していた。そのなかで中心的な漁村である浦

村では、塩分を完全に抜く目的で大量のむき貝を3カ月から1年も野積みしていたために、周辺の住民は悪臭に悩まされていた。

そこで、このカキ殻を処理するために87年に県からの補助を受け、カキ養殖業者の組合自営によるカキ殻処理施設を建設。毎年、1000 t程度のカキ殻を土質改良材としてきた。しかし、人件費などのコスト的に採算が合わず、施設そのものも老朽化していく。その結果、国、県、(財)鳥羽市開発公社、鳥羽市が10：5：4：1の割合で出資し、5億円の新たなプラント施設(カキ殻加工センター)を2000年4月に完成させた。事業主体は鳥羽市が出資した(財)鳥羽市開発公社で、養殖筏1台(5.4 m×7.2 m)で排出される6 t程度のカキ殻を3000円／tで養殖業者から買い取ったのである。

このカキ殻加工センターによって、野積みされていたカキ殻の環境問題は改善されたが、養殖業者の過当競争や輸入物との競争のもとで、カキの生産が90年代に入って減っていく。また、国内最大産地の広島県ではカキ殻を飼料とする企業の大型化が進み、小規模な業者は陶太されて、卜部産業と丸栄の2社による寡占体制となっている。この2社は、大量生産体制によるスケールメリットで製品単価を下げ、国内生産量が減少するなかで三重県にまで原料を求めるようになった。

これは当然ながら、鳥羽市のカキ殻加工センターの経営にも影響を与える。そのカキ殻販売高は05年度の4979万円から06年度の5027万円と微増したものの、05年度は237万円の純損失である。06年度の鳥羽市の監査報告には「かき殻等加工処理事業特別会計」も載せられており、98～10年度の損失補償額は1億2285万円である。この助成のあり方を問う質問も市議会で出てきている。地方自治体の財政状況が厳しくなるなかで、地域的な循環を図ることに加えて、事業の経済性を高めるための努力が一層求められているといえる。

未利用資源の循環を可能にするには、それに携わる経営(人や組織)が基本的に成り立ってこそ持続性が可能になる。そのためには、とりわけ循環型システムへの移行期の政策のあり方が大きな影響を与えることはいうまで

もない。

②EU における持続的農業から学べるもの

第7章では、農業経営者が持続的技術を採用するインセンティブとして政策・規制に注目し、EU における事例を参考に、持続的農業技術の普及に果たす政策の役割について考察した。農業経営者が持続的技術を採用するインセンティブとして考えられるのは、経営者自身の倫理観(Business Ethics)、経営としての社会的責任(CSR=Corporate Social Responsibility)、規制(Regulation)であり、経営者の社会的責任は農業経営においても重要性を増してきている。とはいえ、とりあえず社会的な動きを起こさせやすいのは政策である。

内山智裕は、持続的農業の導入に関して、「日本は、欧米と比較して農地面積が小さいうえに、火山灰土壌が広く分布し、高温多湿で病害虫・雑草の発生が多いという条件のもとで農業が営まれている。そのため、欧州などで展開されている有機農業や適正環境規範の概念を直接輸入して実行するのが困難であることが、取り組みが「遅れている」理由」と述べ(115～116ページ)、持続的農業技術の普及に果たす政策の役割もまた重要であると指摘する。そして、いくつかの具体的な取り組みの過程を詳しく述べている。

たとえば GAEC(Good Agricultural and Environmental Condition：良好な農業・環境条件)の条件は、生物多様性の保持などを視野に置いた自然との共生のあり方を農業技術にまで反映する具体的なものとなっている。そうしたよりきめの細かな持続的農業導入のための作業が日本ではまだまだ遅れていることが痛感される。この点で、宇根豊氏らがきっかけをつくった田んぼの生き物調査[7]は、現在の単なる農薬や化学肥料の減少に焦点のある環境保全型農業を環境共生的な持続的農業へステップアップさせる不可欠の基礎作業と位置づけることもできよう。こうした取り組みをさらに進めていく必要があると思われる。

9　循環とネットワークの必要性と課題

　循環の基本は生命の循環としての生態系の循環であり、それをベースにして私たちの生命が保証されている。基本は物質循環であり、生物循環である。しかしながら、とりわけ20世紀の経済発展と、近代社会の生産と生活のあり方の激変が、持続的であったスタイルを大きく変えてしまった。農業もまた、早くから坂本慶一教授が指摘していたように、工業化した農業に傾斜していく。

　21世紀に入ってようやくその問題点が広く認識され、長く少数派の取り組みとして行われていたものが、一気に普及しそうな環境が整ってきた。2006年12月施行の有機農業推進法は、そうした流れの一環として理解することもできる。また、JA総合研究所は、食品残渣などから飼料化される半分をリキット・フィーディング方式で再利用すると単味穀物飼料9.8万t、約15億円強の輸入代替効果がある、という試算を行なった。これも、未利用資源の活用と持続的な地域農業に資する情報である[8]。

　さらに、もっとマイナーと思われる自然農の全国ネットワーク（川口由一氏が主宰）が一般の人びとを対象として全国的な大会「人類の明日を語る　自然農　上映会　シンポジウム」を08年11月に開こうとしている。さらに、民間の力でつくられた持続可能な農業に関する調査委員会が報告書『本来農業への道』を著し、有機農業や自然農を超えて農業本来のあり方を模索する提案をしたシンポジウム（08年4月）には360人もの参加者があった。これらは、新しい流れができつつあることを予感させる。

　こうした本来あるべき農業は図1で示したように、生命原理に則って生産があり、そこから産業と生活が生まれ、自然の吸収力を損なわない形で循環していくことが必要である。そこで問題になるのが、各要素をつなぐ連結環であり、ネットワークである。自然の破壊と本来あるべき農からの

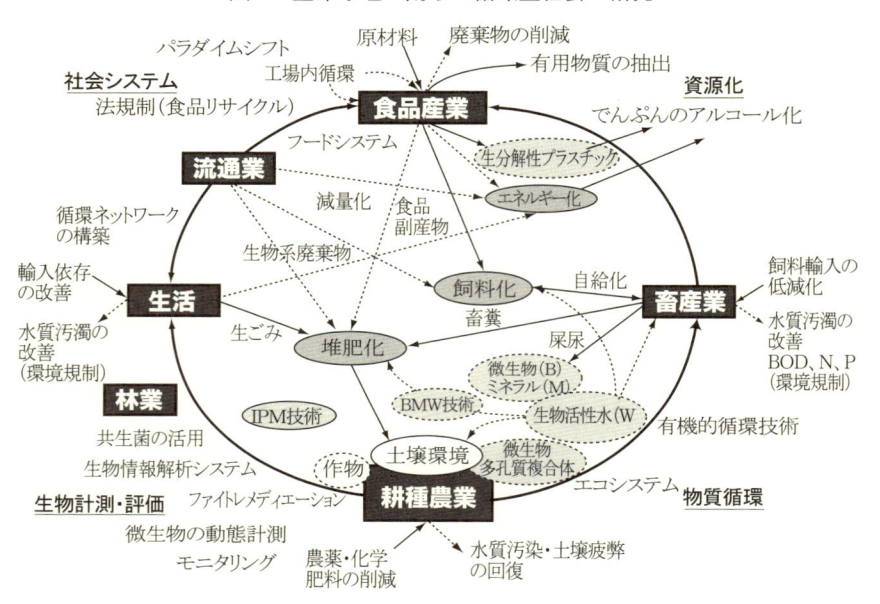

図1 生命原理に則った循環型社会の研究

図中のラベル:
- 社会システム / 法規制（食品リサイクル）
- パラダイムシフト / 工場内循環 / 原材料 / 廃棄物の削減 / 有用物質の抽出
- 資源化 / でんぷんのアルコール化
- 食品産業
- 流通業 / フードシステム
- 生分解性プラスチック / エネルギー化
- 循環ネットワークの構築 / 減量化 / 食品副産物
- 輸入依存の改善 / 生物系廃棄物 / 飼料化 / 自給化 / 畜産業
- 飼料輸入の低減化
- 水質汚濁の改善（環境規制） / 生活 / 生ごみ / 堆肥化 / 畜糞
- 水質汚濁の改善 BOD, N, P（環境規制）
- 林業 / 共生菌の活用 / 尿尿 / 微生物(B) / ミネラル(M) / 生物活性水(W)
- IPM技術 / BMW技術 / 有機的循環技術
- 生物情報解析システム / 土壌環境 / 微生物多孔質複合体
- 生物計測・評価 / 作物 / エコシステム / 物質循環
- ファイトレメディエーション / 耕種農業
- 微生物の動態計測 / モニタリング / 農薬・化学肥料の削減 / 水質汚染・土壌疲弊の回復

逸脱は人間がしてきたことであるから、いかに困難であっても、それは人間によってしか克服されない。したがって協働が必要となるが、人間の多様性と欲望が野放し的な現代の状況は、はなはだ困難な課題を負っているといえる。

そのときヒントになるのは関係主体間の距離の取り方であり、場のマネージメントの重要性であろう。ポスト産業社会の人間にとっての重要な課題の一つと思われるのは、家族や地域にあった旧来の共同体が壊れて人びとが分散孤立化し、携帯やネット社会がそれに拍車をかけていることである。そこでは、場の雰囲気を読める人が少なくなり、不安がいとも簡単に増幅される。だからこそ、産業の場でも生活の場でも、人びとが助け合い協働できるコミュニティの現代的な再構成が重要な課題となっている。

1)『持続的農業技術と資源循環ネットワークの形成に関する研究』(平成15年度

～平成 17 年度科学研究費補助金（基盤研究 B）研究成果報告書、2006 年 3 月、三重大学生物資源学部）所収の内藤正明・楠部孝誠「循環型社会への変革―有機物循環の視点から―」18 ページ参照。
2) 上記報告書の石田正昭「大規模畜産経営と地域循環型農業―南九州の事例―」参照。
3) 上記報告書の苅田修一「資源循環における微生物利用と微生物叢の解析」参照。
4) 上記報告書の小畑仁・水野隆文「重金属資源の循環利用・環境浄化技術としてのファイトレメディエーション」参照。
5) 上記報告書の Nguyen Ngoc De, Kotaro Ohara, "Present Situation and Problems of Sustainable Agriculture in the Mekong Delta, Vietnam— Focusing on IPM Technology—" 参照。
6) 上記報告書の長谷川健二・常清秀「水産物（養殖）廃棄物の再資源化と循環システム―カキ殻再資源化をめぐって―」参照。大原が部分的に追加。
7) 「田んぼの生き物調査」は 2001 年度より農林水産省と環境省の連携により行われ、流速や水質などの環境調査と、間魚類・カエル類などの種類・大きさを調査する生き物調査に分かれている。こうした動きをつくり出してきたのは宇根豊氏や日鷹一雅氏の先駆的活動によるところが大きい。その一つの先駆けは宇根豊・日鷹一雅・赤松富仁『減農薬のための田の虫図鑑』（農山漁村文化協会、1989 年）だと思われる。
8) 「食品残さ 液状飼料に」『日本農業新聞』2008 年 5 月 8 日。

〈編者紹介〉

大原 興太郎(おおはら・こうたろう)
1944 年　滋賀県生まれ。
1967 年　三重大学農学部総合農学科卒業。
1969 年　京都大学大学院農林経済学専攻修士課程修了。
1972 年　京都大学大学院農林経済学専攻博士課程単位取得満期退学。
現　在　三重大学名誉教授、三重スローライフ協会理事長、松阪協働ファーム理事長。
専　門　農業経済学・農業経営学・農村社会学。農学博士(京都大学)。
主　著　『稲作生産組織と農業経営』日本経済評論社、1985 年。
共編著　『現代日本の農業観』富民協会、1994 年。『持続的農村の形成』富民協会、1996 年。『持続的農村の展望』大明堂、2003 年。『農業経営・農村地域づくりの先駆的実践』農林統計協会、2005 年。

〈著者紹介〉

内藤　正明(ないとう・まさあき)
1939 年生まれ。滋賀県琵琶湖・環境科学研究センター長、佛教大学社会学部教授。主著＝『持続可能な社会システム』岩波書店、1998 年。主論文＝「滋賀をモデルに持続可能な社会像を描く」『BIOCity』33 号、2003 年。

楠部　孝誠(くすべ・たかせい)
1971 年生まれ。石川県立大学附属生物資源工学研究所。主論文＝「有機物循環と農業の役割―東アジア地域の動向と循環システム―」『農業と経済』2006 年 4 月号。「食品廃棄物リサイクルの動向」(共著)『廃棄物学会誌』18 巻 2 号、2007 年。

波夛野　豪(はたの・たけし)
1954 年生まれ。三重大学大学院生物資源学研究科准教授。主著＝『有機農業の経済学』日本経済評論社、1997 年。『農村版コミュニティ・ビジネスのすすめ―地域再活性化と JA の役割―』(共著)家の光協会、2008 年。

長谷川　浩(はせがわ・ひろし)
1960 年生まれ。東北農業研究センター主任研究員。主論文＝「有機農業技術開発研究の方法論をめぐって」『有機農業研究年報 Vol.7』コモンズ、2007 年。「作付類型別にみた有機栽培土壌化学性の特徴―健全な土壌化学性をめざして―」(共著)『有機農業研究年報 Vol.5』コモンズ、2005 年。

古川勇一郎(ふるかわ・ゆういちろう)
1973 年生まれ。新潟県農業総合研究所主任研究員。主論文(共著)＝「バイオガスプラントによる生ごみリサイクルの経済性評価」『有機農業研究年報 Vol.6』コモンズ、2006 年。Response of spinach and komatsuna to biogas effluent made from source-separated kitchen garbage, "*Journal of Environmental Quality*", Vol. 35, 2006.

外園　信吾(ほかぞの・しんご)
1973 年生まれ。三重大学大学院生物資源学研究科協力研究員。主論文(共著)＝「農へ向かう都市住民に及ぼす学びの場の役割―赤目自然農塾による「自然農」の広がりを中心に―」『農林業問題研究』43 巻 3 号、2007 年。「現代農業における「秀明自然農法」の意義―実践農家の技術と経営を通して―」『農林業問題研究』42 巻 1 号、2006 年。

江原　宏(えはら・ひろし)
1962 年生まれ。三重大学大学院生物資源学研究科教授。主著(共著)＝『栽培学―環境と持続的農業―』朝倉書店、2006 年。『作物学概論』朝倉書店、2008 年。

内山　智裕(うちやま・ともひろ)
1972 年生まれ。三重大学大学院生物資源学研究科助教。主論文(共著)＝"The Actual Conditions of Agrochemical Usage and the Achievement of the Alternative Technologies in Northern Thailand"『農林業問題研究』43 巻 1 号、2007 年。"Dimensions of Intergenerational Farm Business Transfers in Canada, England, USA and Japan", *Japasese Journal of Rural Economics.,* Vol.10, 2008.

有機的循環技術と持続的農業

2008年6月10日 ● 第1刷発行

編著者 ● 大原興太郎

© Koutarou Oohara, 2008, Printed in Japan

発行者 ● 大江正章／発行所 ● コモンズ

東京都新宿区下落合 1-5-10-1002
☎03-5386-6972 FAX03-5386-6945

振替　00110-5-400120

info@commonsonline.co.jp
http://www.commonsonline.co.jp/

印刷・東京創文社／製本・東京美術紙工
乱丁・落丁はお取り替えいたします。

ISBN 978-4-86187-051-4　C 3061

◆コモンズの本◆

〈有機農業研究年報 Vol.1〉 有機農業──21世紀の課題と可能性	日本有機農業学会編	2500円
〈有機農業研究年報 Vol.2〉 有機農業──政策形成と教育の課題	日本有機農業学会編	2500円
〈有機農業研究年報 Vol.3〉 有機農業──岐路に立つ食の安全政策	日本有機農業学会編	2500円
〈有機農業研究年報 Vol.4〉 有機農業──農業近代化と遺伝子組み換え技術を問う	日本有機農業学会編	2500円
〈有機農業研究年報 Vol.5〉 有機農業法のビジョンと可能性	日本有機農業学会編	2800円
〈有機農業研究年報 Vol.6〉 いのち育む有機農業	日本有機農業学会編	2500円
〈有機農業研究年報 Vol.7〉 有機農業の技術開発の課題	日本有機農業学会編	2500円
食べものと農業はおカネだけでは測れない	中島紀一	1700円
いのちと農の論理	中島紀一編著	1500円
天地有情の農学　地域に広がる有機農業	宇根豊	2000円
いのちの秩序　農の力　たべもの協同社会への道	本野一郎	1900円
有機農業の思想と技術	高松修	2300円
食農同源　腐蝕する食と農への処方箋	足立恭一郎	2200円
有機農業が国を変えた　小さなキューバの大きな実験	吉田太郎	2200円
みみず物語　循環農場への道のり	小泉英政	1800円
地産地消と循環的農業　スローで持続的な社会をめざして	三島徳三	1800円
農家女性の社会学　農の元気は女から	靍理恵子	2800円
幸せな牛からおいしい牛乳	中洞正	1700円
教育農場の四季　人を育てる有機園芸	澤登早苗	1600円
耕して育つ　挑戦する障害者の農園	石田周一	1900円
都会の百姓です。よろしく	白石好孝	1700円
肉はこう食べよう　畜産をこう変えよう	安田節子・魚住道郎ほか	1700円
食卓に毒菜がやってきた	瀧井宏臣	1500円
わたしと地球がつながる食農共育	近藤惠津子	1400円
感じる食育　楽しい食育	サカイ優佳子・田平恵美	1400円
バイオ燃料　畑でつくるエネルギー	天笠啓祐	1600円
安ければ、それでいいのか!?	山下惣一編著	1500円